南部縦貫鉄道キハ102 兄弟車キハ101と共に、この車輌こそが我が国で最後に誕生した機械式気動車で、1962年に製造。1995年に鉄道が休止されるまで主力車として活躍後、現在も動態で保存されている。　　1970.5.19　七戸　P：J.ウォーリー・ヒギンズ

仙北鉄道キハ2406　1955年製造の大型かつ近代的な軽便気動車で、国鉄レールバス製造では独占状態だった東急車輌が私鉄向けで製造した機械式気動車の稀有な例。1968年の鉄道廃止と運命を共にし、わずか13年の生涯であった。　　1963.4.10　佐沼　P：J.ウォーリー・ヒギンズ

尾小屋鉄道キハ3（←遠州鉄道奥山線キハ1803）　1954年汽車会社東京支店製で、1964年の路線廃止によって尾小屋鉄道に転じ同社キハ3となった。その際、切り抜き文字の「1803」のうち「180」を塗りつぶしたというエピソードが知られているが、この写真ではすべての文字が白く塗られて目立っている。
P：J.ウォーリー・ヒギンズ

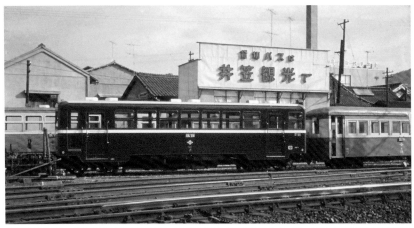

井笠鉄道ホジ3　井笠鉄道が戦後に新製した5輛の機械式気動車のうち、唯一富士重工製（他は日車製）の車両。真横がちの写真のため、前後の台車の軸距や心皿位置が非対称であることがわかる。
1961　井笠　P：平井宏司

常総筑波鉄道キハ42002　後の関東鉄道常総線の車輌で、1955日本車輌東京支店製。同社製初の「真っ当」な新製車かつ最後の機械式気動車となった。新製間もない1957年には液体式に改造、その後も片運転台化、ステップレス化、総括運転可能に改造されキハ703と改番された。
1962.4.21　水海道　P：J.ウォーリー・ヒギンズ

遠州鉄道奥山線キハ1804　同線として最後に新製された車輌で1956年日本車輌製。前面2枚窓や側面のバス窓など近代的なスタイルだったが早くも1964年には路線廃止によって花巻電鉄に転じ、そこでは不遇であったと言われている。
1960.11.27　上池川　P：J.ウォーリー・ヒギンズ

静岡鉄道駿遠線キハD19＋ハ112＋キハD20　同社キハD14〜20は静岡鉄道自身が製造した成り立ちで湘南顔スタイルの車体形状はほぼ同様。ただし機械式と液体式が混在し、写真のD19・D20は岡村製作所製トルコンを搭載した液体式であり、参考写真として掲載。真夏の撮影で窓も扉も全開であることが印象的。

1970.7.24　新藤枝　P：久保　敏

西大寺鉄道キハ10　戦前製のボギー車キハ100の車体を2分割し、キハ8・10の2輛に改造したという変わった成り立ちの単端式車輌。前面は湘南型模倣の極めて初期の例とされる。

P：J.ウォーリー・ヒギンズ

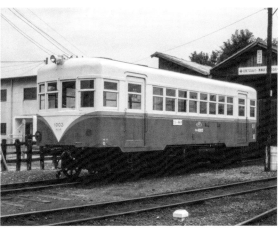

岡山臨港鉄道キハ1003（←常磐炭礦キハ21）　元は常磐炭礦が従業員輸送用に宇都宮車輌で新製した全長11.5m級の小型気動車。張り上げ屋根が特徴であった。閉山後しばらくして岡山臨港鉄道に転じ、さらに後に紀州鉄道で生涯を終えているが、現在も岐阜県内で保存されているという強運の車輌。

（写真左）P：J.ウォーリー・ヒギンズ　（写真右）1984.9.15　南岡山　P：寺田裕一

鹿児島交通キハ104　鹿児島
交通の前身である南薩鉄道が
1952年に一挙6輌(キハ101
～106)を川崎車輌で新製し
たもの。鉄道省(→国鉄)キハ
42000(キハ07)に準じた設
計を持つ。目立つ差異として
は扉下部の踏み込みがなく、
車体裾が一直線になっている
ことが挙げられる。高さの低
いホームとの段差解消のた
め、床下に引き出し式の踏み
板が設置されており、下の写
真ではそれが展開されている
様子がわかる。

　(写真上)1982.5.20　加世田
　　　　　　　　P：久保　敏
　(写真下)1980.7　干河
　　　　　　　　P：寺田裕一

さいはての軽便、根室拓殖鉄道のキハ2"かもめ"。札幌の田井自動車工業の手によるもので、キ1"銀龍"も当初は同様の顔つきだったという。

1957.8.1　根室　P：中谷一志

はじめに

太平洋戦争末期から敗戦後にかけ壊滅に近い悲惨な状況にあった内燃動車だが、1949年からやっと新製や改造による新顔車輌が見られるようになる。本稿は敗戦後「地方鉄道」（北海道簡易軌道は除外）に、機械式で「新顔」として登場した762mm軌間17輌、914mm軌間2輌、1067mm軌間37輌、計56輌の内燃動車（ガソリンカー／ディーゼルカー＝代燃車を含む）について記す。2軸車は762および914mm軌間各2輌／1067mm軌間6輌の計10輌で、他はすべてボギー車である。

本来の内燃動車が機関を下ろし敗戦後動車に復したものや、ディーゼル機関への換装等は、国鉄からの払下車輌を含め除外し、西大寺鉄道キハ100を2輌に分割したキハ8／10、電車および客車からの改造、自動車からの転用車は含めている。

先ずは代用燃料（木炭）によるガソリンエンジン装着車から始まったが、もっとも安価で効率的なディーゼルは、燃料＝軽油がらみでの当局とのやりとり・駆け引きがこの時期に特有であった。資材が不足し、かつ安価な車輌が求められた初期には、台枠、台車まで

が全部新製とは限らない。

　トルクコンバーター装着は1953年以降で、国鉄車は
キハ44500（→キハ15）が同年3月、キハ45000（→キ
ハ17）が10月。私鉄車も同年夕張鉄道キハ251（新潟）、
羽後鉄道キハ2、3（川車）、島原鉄道キハ4501〜4504
（日車／帝車）が出現して先陣となる。

　しかし機械式動車も製造が続き、最終車は1962年の
南部縦貫鉄道キハ101、102である。762mm軌間車輌
に適合するトルクコンバーターは開発が遅れ、地方鉄
道では1960〜61年に誕生した静岡鉄道キハD15、19

20の3輌が装着したのみに終わっている。

　本稿では個々の鉄道ごと、東からの記述とし、同じ
メーカーによる同型あるいは同系列の車輌でも、納入
先が違うと記載場所が異なるため、下巻末尾にメーカ
ーごとの表および機関要目を一括掲載して補完した。
また文中人名に敬称は略し、傍点は湯口による。各項
末尾掲載文献は、本文あるいは脚注に引用したものを
除いて重複を避けている。

遠州鉄道奥山線キハ1802。1959.12.25　奥山ー中村　P：湯口　徹

敗戦前後の燃料事情

日本による太平洋戦争宣戦布告は1941年12月8日だが、その4か月前（8月1日）にアメリカ、イギリス、オランダによる対日石油全面禁輸が実施された。列強による中華民国軍への援助補給ルート封鎖目的に、日本陸軍が前年9月北部仏印（仏領インドシナ＝現在のラオス、ベトナム）に進駐し、1941年7月28日南部仏印（現在のベトナム、カンボジア）にも上陸した制裁である。

自給率10％に満たない我国は、1941年9月1日以降官庁用（警察、消防、救急、郵便）等を除き民間の石油―ガソリン、軽油使用が禁止され、代燃化済機関始動用名目での少量配給も途絶した。鉄道に限らずバス、トラック、タクシー、さらには定置機関を含め、すべて代燃化―木炭、薪、石炭、コーライト等による発生炉ガス、天然ガスなどへの代替が必然になった。

敗戦後の液体燃料は旧軍部保有以外乏しい外貨で輸入*¹され、ディーゼル燃料は農地開拓＝食糧増産用ブルドーザー、産業復興としてのトラック、壊滅状態の都市部バス等に限定。石炭あるいは電化でしのげる鉄道は割り当てから除外されていた。

石炭が極めて高価で経営を圧迫し多くの私鉄が電化に走ったが、さもなくば代用燃料＝敗戦後は千葉県下を除き主力は木炭・一部薪ガス＝を引き続き使用せざるを得なかった。従前からのガソリン機関は経年、代燃による酷使での劣化老朽が甚だしく、ディーゼル機関に換装し代用燃料で駆動する方式が開発された。1067mm軌間での新製内燃車輌は、片上鉄道キハ3004、3005のみがガソリン機関・代燃で登場し、あとは全部ディーゼル機関装着で就役している。

ディーゼル燃料の呼称は出典により重油、軽油と分かれるが実態は同じで、敗戦後の我国内燃動車が装着したディーゼルは、すべて軽油による高速機関であり、本稿も軽油を基本とする。しかし原文が重油の場合そのまま引用しているケースもあるのでご注意ありたい。

代用燃料によるディーゼル機関駆動は、代燃ガスをシリンダ内で圧縮するまでは同じでも

①電気着火方式＝圧縮比を10程度に下げ、電気火花で着火（下表3）

②軽油（吹入又は吸入）着火方式＝死点寸前に少量の軽油（上記のように重油と記す文書・文献も多い）を吹き込み自然発火（下表5、6）

の2種が一般的だが

③天然ガスの電気着火

もある。

点火栓を持たず、高圧縮による自然発火がディーゼル機関の本質だから、同じ機関を使用していても、②以外は厳密にはディーゼルとはいえない。①は常総筑波鉄道、大分交通（耶馬渓線）等、②は常総筑波鉄道等、③は小湊鉄道での実例が知られており、下表により概念的に、他燃料に比しディーゼルが著しく安価なのが理解できよう。

地方鉄道では江若鉄道が唯一、米軍キャンプ関連輸送を名目に、独自に燃料ルートを確保*²して1948年2月22日ディーゼル化を申請。当局は建前上「燃料の見通不明なるも一応設計変更を認め燃料入手の後使用するもの」として、同年7月6日機関換装＝100％ディーゼル化を例外認可し、現実にキニ13にＤＡ54を装着したのが1948年4月25日。以後キニ9〜12が続き、これが国／私鉄を通じ戦後最初の事例*³となったが、他鉄道は2年遅れた1950年以降、それも代燃による認可である。

1950年には供給がかなり緩み、第二四半期以降経営困難を訴えていた私鉄20数社*⁴に軽油配給がなされるに至った。他方ヤミ（非合法）での入手も容易になり、代燃炉装着で認可を得ても、現実には大方が100％ディーゼルカーとして出現。現車は就役済なのに、設計手続きは規制が解けるまで遅らすなど、「官」の名目は立てながら、きっちり実を得ている「民」側の、混乱期を生き抜く生活力あふれた手練手管が見物である。

*1 この時期はガリオア＝GARIOA資金（Government Appropriation for Relief in Occupied Area Found）で輸入していたため、数量に厳しい制限を受けた。第二次大戦後の米国占領地救済政府資金で米軍軍事予算から支出され、我国は1946〜51年エロア資金と共に18億ドル（うち13億ドルは贈与）の援助を受けた。
*2 米軍に渡りをつけ、その「虎の威」を借りたとされている。
*3 敗戦後米軍はＧＥ製電気式ディーゼル機関車（→ＤＤ12）を持ち込み、品川、鷹取、仁川などでのタンカー入換用等に国鉄に供与したが、これは除外している。

■燃料別キハ41000形運転比較表　　『内燃動車工学』（1951年6月交友社刊）より

	使用燃料	機 関	線 区	平均加速度 Km/hr/s	燃料消費量 Km当り	消費熱量 km当り／kcal	燃料費 km当り
1	ガソリン	ＧＭＦ13	佐 賀 線	0.60	0.54 ℓ	4,650	18.90円
2	天然ガス	〃	越 後 線	0.57	0.53 ㎥	4,560	12.70
3	木炭ガス	ＤＡ54(電気着火)	常総筑波鉄道	0.53	0.78kg	3,900	13.30
4	軽 油	ＤＡ55(ディーゼル)	両 毛 線	0.54	0.30 ℓ	2,660	3.30
5	天然ガス／軽油	ＤＡ54(ディーゼル)	小湊鉄道	0.53	0.28 ㎥／0.058 ℓ	2,695	7.36
6	木炭ガス／軽油	〃	常総筑波鉄道	0.49	0.5kg／0.058 ℓ	3,015	9.14

*4『交通年鑑』1951年版によればディーゼル動車
66輌、52年版では1951年11月までに86輌が対
象。後書は「目下ディーゼル車を新造転換等の
計画中のもの十数社、40輌あり」、「ディーゼ
ル化現況及び計画」として1951年10月現在機関車
2／20／22輌、動車64／74／134輌（実施中／
計画中／計）、ガソリン及び代燃を含む内燃動
車稼働率は、1946年3月末307輌中125輌（41％）、
1950年9月末221輌中198輌（90％）、1951年9月
末238輌中214輌（90％）と記している。

■動車別燃料費

動 車 別	燃 料	単 価	燃料消費量	粁当燃料費
ガソリン	ガソリン	36円/ℓ	0.505 ℓ/km	18円20銭
天然ガス(電気着火)	天然ガス	30円/m³	0.54 m³/km	16円20銭
ディーゼル	軽　油	12円/ℓ	0.284 ℓ/km	3円40銭
天然ガスディーゼル	軽油及び 天然ガス	12円/ℓ及び 30円/m³	0.047 ℓ/km及び 0.282 m³/km	9円00銭

装着機関

　本稿で扱う「新顔」機械式動車が初登場時装着して
いた機関は、根室拓殖鉄道、西大寺鉄道、1067mm軌
間では藤田興業片上鉄道、それに米軍ＧＭＣ車ベース
の山鹿温泉鉄道レールバスの計8輌のみがガソリン。そ
の他はディーゼルだが、早いものは旧陸軍統制機関の
相模Ｎ-80、次いで日野ＤＡ54、55で、その後は半世紀
ほども我国動車の標準であり続けたＤＭＨ17が君臨す
る。軽便軌間でも軍用末裔のＤＡ43〜45（いすゞ）が
用いられた。

　なお旧陸軍「統制機関」とは、口径／衝程を120／
160mmに統一するなど、部品類を極度に標準化したデ
ィーゼル機関で、戦車にはＶ8型などの大出力空冷式が
採用されたのが世界的にも珍しい。これは陸軍が仮想
敵国をソ連＝寒冷の地＝と想定していたことと無関係
ではないが、現実の主戦場は中国や東南アジアであっ
たのが皮肉である。

　重機類には同じ統制型でも6気筒水冷式が充当され、
敗戦後トラック、バス、鉄道等に転用された機関はす
べて水冷式である。

1.　根室拓殖鉄道
　　キハ2（かもめ）／キ1（銀龍）
＝田井自動車工業株式会社

　根室拓殖軌道は1944年7月20日付運輸通信省鉄道総局
長、業務局長、内務省国土局長連名の依命通牒「軌道
ヲ地方鉄道ニ変更スルコトニ関スル件」により、1945
年4月1日軌道から鉄道に変更。これは一方的に当局の
都合による事務合理化*¹で、実態も会社・従業員意識も
軌道時代と何等変わっていない。株式会社には違いな
いが1948年以降は実質歯舞村営であった。

　蒸機は老朽し、石炭価格も高騰したため、根室拓殖
鉄道は敗戦後全国最初となる代燃動車2輌の新製に踏み
切り、1948年下期営業報告書には「ガスリン客車竝
（ならび）ニ貨車新車各壱輌ヲ札幌市田井自動車工業株
式会社ニ十二月発注ス」とある。

　田井自動車工業は自動車修理やバスボディメーカー
で、戦後は主に消防自動車や特装車を手掛け現在も盛
業中だが、鉄道車輌はこの根室拓殖発注の2輌のみと思
われ、未経験分野の受注であった。

　キハ2は札幌市電を参考にするなど苦労した由で車体

根室拓殖鉄道キハ2「かもめ」。

1957.8.31　根室　Ｐ：湯口　徹

根室拓殖鉄道キハ2「かもめ」。後尾の出っ張りは旧代燃台である。　　　　　　　　　　　　　　　　1957.8.31　根室　P：湯口　徹

も手作りで完成。扉が外釣なのはバス屋として戸袋を
避けた、あるいはその技法を知らなかったかと思われ、
右サイドにある運転手扉は外開き戸である。

　ファイナルドライブはダブルチェーンによる後軸駆
動だったが、1949年7月20日現地試運転でスプロケット
が割れ、札幌に持ち帰りギヤ駆動に修正し10月1日キ1
と共に試運転、無事納品を果たした由*2。最初から逆転
機を装着していたようで、まさか旧陸軍（鉄道聯隊）
100式鉄道牽引車等の知識があったとも思えないから、
単に転回設備のないところで折り返しても全速が出せ
るとの発想なのであろう。（97頁右下に加筆あり）

　竣功当初は不明だが、背後にもヘッドライトがある
のはこのためである。車体はジュラルミン*3とされるが、
上半分は屋根への曲がりこみの必要上鋼板を併用して
いたと思われる。定員44（内座席24）人、自重4.9トン。
時節柄木炭代燃車で発生炉台が背後にあるが、炉撤去
後も実に頑丈な姿で残っていた。

　キ1は「貨車」とあるように貨物専用気動車で、キャ
ブオーバーだが運転室部分の一角を欠きとり木炭ガス
発生炉を置いている。そのキャブが塗装されないジュ
ラルミン製のため、「銀龍」なる名称が付されたのであ
ろう。写真が不鮮明だが、背後4,000mmの無蓋荷台は
通常のトラック同様構造の木製と思われ、荷重僅かに
0.5トンとは当時のオート3輪車並みで、自重3.5トン。

　機関は1931年日車東京支店製キハ1（←ジ3←ジ6*4、
フォードAから戦後換装）共、ニッサン180に統一して
いる。戦前から戦後までトラック、バスに用いられて

きた、当時の標準的量産ガソリン機関のひとつである。
ホイルベースもキハ1にそろえ、かつ転車台に合わせた
2,500mm。当時の地元新聞記事によればキハ2が118万
円、キ1が87万円*5とある。

　この鉄道の起点は根室とは称しても国鉄駅と遠く離
れて接続もなく、人は歩いてくれるが貨物は当然何か
に積替えねばならない。貨物動車キ1は復活したトラッ
クとの競争に勝てるわけもなく、結局は1953年自前で
旅客用に改造しキハ3に、それも珍無類の姿になった。

　機関の点検や着脱に便利なよう、シャシー前部を延
長して恐ろしく不細工なボンネット突き出しに、代燃
炉を外した部分もキャブとしたためかなり広いものに
なった。全くの偶然だが、リオグランデ・サザンの有
名な"ギャロッピンググース"、No.3（リビルト後）～
5にも一脈相似たキャブになり、背後の荷台を撤去し、
2枚折戸扉、下降式窓の木製客室を載せた。

根室拓殖鉄道キ1。扉後方の黒いのが代燃炉。　　　所蔵：加田芳英

10

根室拓殖鉄道キハ3「銀龍」。この側は客室がキャブ部分と面一（つらいち）である。　　　　　　　1957.8.1　根室　Ｐ：中谷一志

　キャブと客室は分離していてもお互い窓があり連絡はとれたが、その客室車体は右サイドがキャブより若干出張り、左サイドは面一（つらいち）なのは一体どうしたことか。取り付けの際間違えたのか、まさかとは思うが就役中にずれた？のか。あるいはキャブ部分が本来シンメトリーでなかったのか。

　動車3輌中1輌予備で15.1kmをダイヤ面では60／65分*6、4往復の運行を続けていたが、他バス会社と対抗上バスに切り替えのため1959年3月24日廃止を申請し、9月8日許可、21日実施。バスは国鉄根室発着と格段に便

利になり、キハ2、キハ3の車体はバス待合室に転用された。

　以下は蛇足だが、日車に日付1950年4月21日、図番組－8－に－11683なる代燃単端式「半鋼製四輪ガソリン客車」図が存在する。戦前の新興鉄道（朝鮮）ケハ530～532／岩井町営軌道104（→九十九里鉄道キハ301→ケハフ301）をベースに、運転席も扉（右サイド）も片方のみ、逆転機装着（推定）、背後に代燃台と前照灯がある「摩訶不思議」な図面*7である。ホイルベース2,500mm、機関ニッサン180、連結器高300mm等からも、

根室拓殖鉄道キハ3「銀龍」。このサイドはキャブ部分より客室が若干出っ張っている。

1957.8.1　根室
Ｐ：中谷一志

11

対象は根室拓殖鉄道以外考えられない。

　日車が自発的に図を引き売り込んだとも思えず、根室は戦後3輌目となる新製車を日車に打診したのか。詳細は不明のままで、加田芳英によれば根室側に対応する記録は残存せず、関係者の記憶にもない由である。

＊1軌道は法規上道路併用が原則のため鉄道所管＝当時なら運輸通信省、道路所管＝内務省の共管で両方に手続きが必要だが、地方鉄道は道路（踏切等）や河川に係る部分以外鉄道省所管のみ。
＊2これらの一連は高橋　渉、加田芳英『根室拓殖鉄道』に詳しい。
＊3旧飛行機用材が敗戦後大量に出回り、国鉄も一部モハ63系や客車車体に試用したが、腐食等で長続きしなかった。神戸市電はガラス不足時期に板やベニヤに替え窓に使用した。
＊4鉄道省監督局文書・関連資料ではすべて最初からジ3だが、全財産を抵当に設定した軌道財団財産目録では機関車が1、2、客車が3、5（4は忌番）、次いでジ6である。融資した北海道拓殖銀行は当然現車現品と目録を照合したはずで、ここではジ6を採用しておく。後機関車に続けジ3としたようだが、元々現車に標記はなかったと思われる。
＊5当時インフレが激しかったが、1948年卸売物価指数年平均値は1953年に比し16.4％であった。
＊6定時で走ったことなどないとも称され、20分程度の遅延は日常茶飯事であった。
＊7詳細は湯口　徹「気動車意外譚（2）―岩井町営軌道と根室拓殖鉄道」鉄道史料90号参照。

青木栄一「根室拓殖鉄道」鉄道ピクトリアル61号
湯口　徹『簡易軌道見聞録』
湯口　徹『レールバスものがたり』鉄道ファン218号
モデル8『さいはての鉄路―根室拓殖鉄道の車輌たち』
近江和良／香山洋一「さいはての軽便鉄道」トワイライトゾーンMANUAL Ⅲ
高橋　渉「最東端の夢軌道　ネムタク」鉄道ファン428号

2.　夕張鉄道キハ201、202
＝株式会社新潟鐵工所

　夕張鉄道には戦前日車東京支店からキハ41000と同一車体、機関ウォーケシャ6RB、偏心台車という図面（日付1935年11月18日[*1]）で見積が出ていたが実現せず、内燃動車導入は敗戦後になった。

　1952年2月25日付『『ヂーゼル』動車増備理由書』は、近時石炭価格高騰・暴騰し、「弊社においてもこの例にもれず従って何等かの打開の道を見出すべき必要に迫られ種々考究の結果今般『ヂーゼル』動車運転の計画を樹立差当り弐輌増備の上これを実施」と記している。代価は2輌で2,760万円（借入金）を予定。

　新潟鐵工所『夕張鉄道株式会社殿御注文　一四〇人乗半鋼製二軸ボギーヂーゼル動車設計書（昭和27年2月8日）』によれば、新潟ヂーゼルLH8X型直列単動4サイクル無空気噴油水冷式ヂーゼル機関（＝DMH17）、燃料タンク400ℓ。4段ツメクラッチ変速機ギヤ比は①5.444、②3.051、③1.784、④1.000、逆転機は2.976と、共にキハ42000と同じもので、性能曲線図も国鉄キハ42600のものをそのまま添付しており、設計認可は1952年4月23日。これに従い公式の製造年月は1952年5月と無難に設定されている。連結器は柴田式座付第二種。

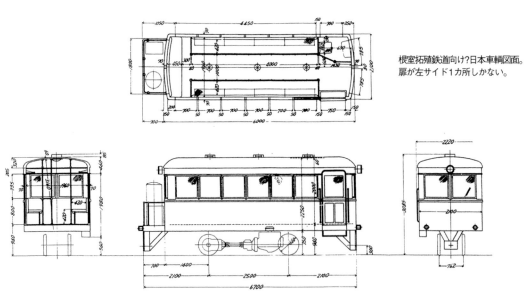

根室拓殖鉄道向け?日本車輌図面。
扉が左サイド1カ所しかない。

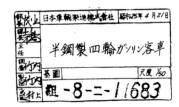

夕張鉄道キハ202。運転席横まで雨樋が伸び、妻面裾にはスカートがある。　　　1954.8.20　鹿ノ谷　P：青木栄一

　国鉄以外のキハ42000形車輛は、戦前には台湾総督府キハ300（日車本店）、400（川車）形があるのみで、敗戦後ではこの夕張鉄道キハ201、202、次いで後述の南薩鉄道キハ101〜106である。

　特徴は前面が6枚窓ではなく4枚で中桟なし、張上げ屋根[*2]、水切りは国鉄車にならって扉の上だけだが、タブレット授受のため窓一つ分前へ伸び、前面にはスカート？がある。なお国鉄キハ42000の定員は120（内座席68）人、敗戦後の42600代は算定方式が変わり、かつクロス部分が増え96（72）人だが、これは140（64）人と多い設定になっている。

　道内私鉄には戦前北海道鉄道に（東京横浜電鉄キハ1〜8出現まで）東日本最大のキハ550〜555もいたが、敗戦後の道内では、これが最初のまともな内燃動車かつ20メートル車でもあった。国鉄がディーゼル動車の北海道内本格的投入に踏み切ったのも、この車輛による刺激・影響、中でも冬期の走行実績が大きいとされている。

　夕張鉄道では翌年以降新潟鐵工所でキハ251〜254、301、302のトルコン装着車を増備して客貨分離を行い、ＤＴＤ3輛編成も出現したが、キハ201、202にもかなり手を入れた。1957年7月16日設計変更認可で、機械式のまま新潟製流体継手（21ＨＵＣ）を装着、1960年3月24日同により中央扉を埋めて窓を設置、妻面下部スカート？は取り外した。

　動台車側のみ手小荷物搭載に備え長手座席を一部残し、あとはすべて夕張独特の簡易なビニール張り転換クロスシートに改造。これにより座席は68人に増加したが、立席が減り総定員は112人になった。運転席右側にも吊革を設けていたと記憶する。

　さらに固定窓をすべてＨゴムによる鋼体直接取付け、扉もプレス製に交換などの改造も追いかけて行ったが、

炭礦の衰退→住民・乗客激減により車輛が余剰。1971年11月キハ201、202は岩手開発鉄道に譲渡され、「いいとこ取り」で1輛＝キハ301にまとめ上げられたが、経歴上の前番は車体はじめ主体となったキハ202である。しかしここでも1992年旅客運輸営業廃止に遭遇している。

＊1湯口　徹「日車幻の気動車図面1」鉄道史料83号参照。
＊2国鉄キハ42000も鋼板屋根だが張上げ（長柱）構造ではなく、幕板（長桁）との継ぎ目にリベットが、戦後製キハ42600代は全周に、南薩鉄道キハ101〜106は妻面を除き雨樋がある。

小熊米雄「夕張鉄道」鉄道ピクトリアル61／212号
湯口　徹『私鉄紀行／北線路──never again（上）』
青木栄一『昭和29年夏　北海道私鉄めぐり（上）』RM LIBRARY58

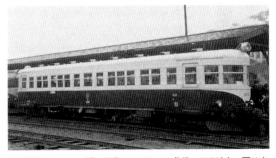

夕張鉄道キハ202。2扉・転換クロスシート化後。この時点、扉は木製で中央扉を埋め、妻面スカートがなくなった。
　　　　　　　　　　　　　　　　1960.3.26　鹿ノ谷　P：湯口　徹

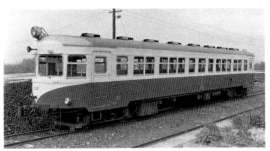

夕張鉄道キハ202。扉はプレスに、固定窓はすべてＨゴム保持に改造。
　　　　　　　　　　　　　　　　1971.5.28　南幌　P：湯口　徹

3. 豊羽鉱山（記号番号不詳）
＝株式会社光内燃機

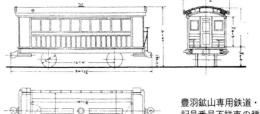

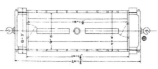

豊羽鉱山専用鉄道・
記号番号不詳車の種
車原型図。

　豊羽鉱山は金以外、我国で操業を続けていた唯一の鉱山で、国内最大の鉛・亜鉛・銀鉱脈を有し、多種多様の希少金属を産出。特にインジュウムの鉱床は世界最大とされていたが、資源枯渇で2006年3月閉山した。

　『私鉄要覧』専用鉄道の項によれば、本社札幌市豊平町字石山278、連絡駅定山渓鉄道藤ノ沢、錦橋－オンコノ沢間6.2kmおよび藤ノ沢－石切山間2.1km、計8.3km。動力蒸気、運転管理者定山渓鉄道、日本鉱業（運輸開始1939年4月17日）より譲受1951年12月14日許可（1952年6月10日実施）とある。車側に描いた「蛇の目」は日本鉱業の社紋である。

　この珍車は1輌だけのためか、現車に記号番号などの標記がなかったようだが、従前定山渓鉄道車輌に付加し、なぜか「ディーゼルシャンター」としてのみの紹介に止まっていた。シャンターとは入換専用機関車の意味で、入換機に客室を併設？した、あたかも「無認可車輌」ないしは認可不要の貨車移動機のごとく受け止められ、以後検証もなされず疑問を持った人もいない。

　しかし設計申請書、認可とも「ディーゼル客車」と明記し、陸運当局の「私鉄ディーゼル動車現況表」にも記載されていて、書類上だけにしても記号番号があったはずだが不明のまま。

　「弊社従業員及び材料輸送の為め製作致し度く」と自重9.5トン、定員25（内座席20）人「四輪ディーゼル動車」1輌の設計申請は1952年5月15日。要目は最大寸法8,166×2,250×3,270mm、車体内（客室）3,950×2,000×1,780mm、ホイルベース3,900mm。

　旧相模陸軍造兵廠製4サイクル予燃焼室式ディーゼル機関（圧縮比15[*1]）装着で、10‰勾配で65トン牽引時時速32粁、ブレーキはウォーム式手用および足踏式、

豊羽鉱山専用鉄道・記号番号不詳。
1969.10　石切山選鉱所　Ｐ：佐藤勝美

連結器はシャロン下作用などとある。足踏式ブレーキは自動車のものの流用であろう。2軸駆動は機関車代用として貨車の入換・牽引に当たるためと思われ、認可は1953年2月9日。

　まず全長に比し客室長が1/2に満たない著しい差に気付く。これはオープンデッキ木製2軸客車をベースにしたが、片側のデッキを残し、その反対側車体上部を切り取ってボンネット？とし機関を装着したからである。自動車にならった機関の着脱・点検の簡便が目的だが、この時期一般的な鉄道旅客用動力車としては、極めて珍奇な構造であった。

　種車は定山渓鉄道ロ11（←国鉄フハ3385←ヘ2、北海道〔官設〕鉄道部月島仮工場1898年3月製）で、豊羽での手続きは客車の改造（設計変更）ではなく、動車としての「新たな」設計である。施工の株式会社光内燃機は道内＝札幌付近とは推定されるが、所在、経歴等一切不明のまま。

　機関は一件書類に形式等の記載はないが、標準80馬力[*2]／1,200、最大115／1,800とあり、後述留萌鉄道ケハ501も採用した水冷式重車輌用、相模Ｎ－80と判断できる。同じ機関は他に三岐鉄道が7輌に、寿都鉄道もキハ1に装着している。

　車体も車体だが、駆動システムはチェーン2段式で中間スプロケットが台枠装着、車重変動による上下動は2段目のチェーンで吸収する、小型内燃機関車あるいは貨車移動機並の方式である。ヘッドライトが両端にあり、日本鉱業株式会社豊羽鉱業所の捺印がある「動力伝導装置一般図」では、変速機の直後でベベルギヤにより直角に駆動方向を変えている。そのギヤボックス内の笠歯車は2枚しか描かれておらず、逆転機はなかったと思われるが、現車を見ていないので何ともいえない。転車台があったとは思えず、図では前後にスノウプラウをつけているから、片側は後進位のままで逆行していたのだろうか。

　専用鉄道運行開始日や装着機関等から見て、かなり早い時点、恐らくは日本鉱業時代の1951年には完成し、認可を得ることなく就役していたと考えられる。当局

への設計申請手続は燃料規制緩和を待って相当に遅れ、従って認可は更に遅れたのが現実であろう。

（昭和）26.7.20と認可1年半前の日付が入った竣功図は、運転席妻面窓が垂直、最大幅が（屋根でなく）車体部分（2,250mm）など、まったく話にならないいい加減なもので、製造年月欄は空白。クラッチ、ミッションはクロガネとある。"クロガネ"は日本内燃機として戦前から自動車を製造し、95式四輪起動車（軍用小型乗用車）等が著名だったが、戦後日本自動車を経て東急くろがね工業となり、オート3輪車、軽4輪車を製造し1961年倒産している。

図面は陽画が災いしてコントラストが著しく低く消えかかっており、原図を書き起こして復元掲載するが、写真・種車から最大幅は屋根＝2,578mmが正しいと判断できるので、その分は修正してある。

その後本格的に日立製ＤＤ451も導入されたが、1962年日本鉱業に合併し、1973年再び独立するなどの経緯がある。1963年9月21日専用鉄道が廃止され、以後鉱石はトラック搬出だが、従業員輸送は（専用側線として？）続けられたのかもしれない。

豊羽鉱山専用鉄道・記号番号不詳。車体を鉄棒で補強しているのは根室拓殖鉄道と同じ。

1969.10　石切山選鉱所　Ｐ：佐藤勝美

＊1留萌鉄道では17.1。
＊2秀平一夫「私鉄におけるディーゼル動車の概況」交通技術86号（1953年10月号）、車輌情報60号（日本鉄道車輌工業協会1954年3月）の現況表では共に50馬力／1,200で、その基になる運輸省民営鉄道部「私鉄ディーゼル動車現況表」での、5と8の誤植をそのまま引き写したかと思われるが、圧縮比減による出力減もあり得る。三岐鉄道での同機関表示は圧縮比16で1,600回転時90馬力。

小熊米雄「定山渓鉄道」鉄道ピクトリアル28／232号
湯口　徹「続レールバスものがたり」鉄道ファン282号

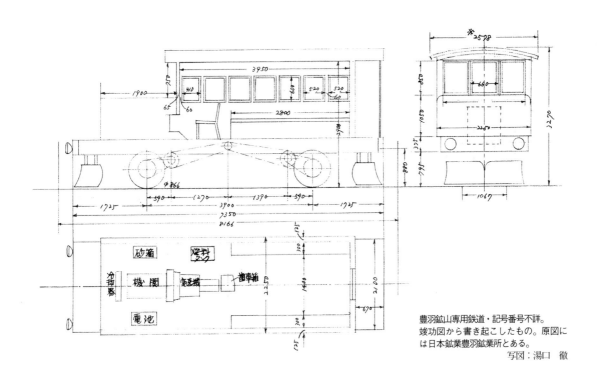

豊羽鉱山専用鉄道・記号番号不詳。
竣功図から書き起こしたもの。原図には日本鉱業豊羽鉱業所とある。

写図：湯口　徹

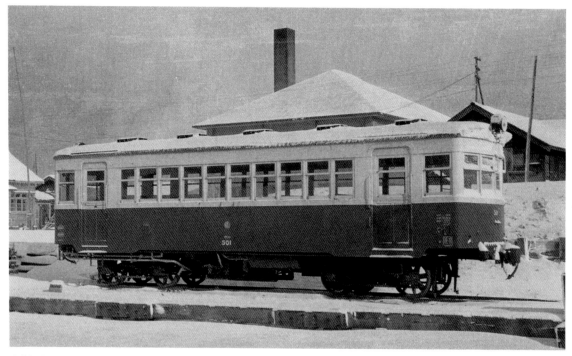

留萌鉄道ケハ501。

1960.11.27　恵比島　P：湯口　徹

4-1.　留萌鉄道ケハ501

＝泰和車輌株式会社

　留萌鉄道は運輸開始（1930年7月1日／10月1日）時から車輌とも国鉄運転管理だったが、戦後内燃動車導入により一部自前運行とし、のち国鉄管理から離脱自立した。この車輌設計申請は1952年1月26日、認可および特別設計許可は1952年9月26日で、なぜか8か月も要しているのは、当局が建前としてのみの代燃装着強制から脱却する過渡期であったことと、特別設計該当部分の別途申請等が理由[1]かと思われる。

　竣功届日付（1952年12月5日）から一般に1952年12月製とされているが、現実の納品ははるかに早く、1952年前半と思われる自前運行開始には、相当の余裕を持って間に合っていたと見るのが順当であろう。

　特別設計とは当初最大幅2,650mmでの申請が、プラットホームとの関係で踏板張り出しを2,850mmに拡大

留萌鉄道ケハ501台車。　　　1957.8.23　恵比島　P：湯口　徹

変更[2]したことによるものと思われる。自重18トン、定員75（内座席42）人。連結器はシャロン上作用ながら、最大長12,220mmはキハ40000と同じで扉間の窓も10個だが、なぜか戸袋窓のみ幅が狭く、その分吹き寄せが広い。ホイルベースもキハ40000と同じ1,600mmだが、菱枠ではない独特の軸バネ式で一見ＴＲ23もどきのショーティ、あるいは松井製車の板金製にも似ている。

　台枠は国鉄雑型客車のものの利用とされ、次のケハ502からもその可能性は十分考えられる[3]が確認できていない。機関は相模陸軍造兵廠製旧陸軍統制エンジンで水冷式、豊羽鉱山と同じN-80であろうが圧縮比を17.1とし、最大出力110馬力／1,700、標準90馬力／1,300。小型すぎてキハ1001以降が増備されると機関の古さも手伝って出番を失い、実質休車状態を続けていた。ケハ502共々鉄道休止（1969年5月1日。廃止は1971年4月15日）後も再起はしていない。なお記号のケハとは、茨城交通同様軽油動車の「ケ」であろう。

＊1　特別設計申請に至る経緯が多分に関係したと思われるが、戦前の鉄道省文書と違い戦後は細部にわたる文書保存がなされておらず、詳細は不明。
＊2　地方鉄道建設規程による最大幅は2,741mm（9フィート）。
＊3　台枠を歪みなく組上げるのはかなりの技術を要し、既存台枠の再用は重量を無視すれば結構メリットがあるという。

青木栄一「留萌と羽幌」鉄道ピクトリアル50号
小熊米雄「留萌鉄道」鉄道ピクトリアル160号
湯口　徹『私鉄紀行／北線路—never again（下）』

4-2.　留萌鉄道ケハ502

＝泰和車輛株式会社

　これは扉間に窓が20個（キハ41000は16個）も並ぶ長い車輌で、定員140（内座席80）人と多い。連結器（シャロン下作用）を含む全長は18,890mmだが、屋根上のガーランドベンチレーターは短いケハ501と同じく5個で、やはり戸袋窓のみ幅が狭く、ケハ501共々水切りは扉上のみ。

　設計書での自重26.56トンは、連結器や台枠、台車が影響したのであろうが、現実にはもう少し重そうにも思える。設計申請1952年8月30日、認可およびケハ501と同じ理由による特別設計許可1953年2月19日。

　留萌鉄道は国鉄からホハフ2854（形式2850）、ナハ10056（同10000）、ワフ3489（同3300）の3輌を購入し1952年6月23日設計を申請、10月6日認可取得。ホハフ2854は同番で使用されたが、ナハ10056はその後消息がない。前歴はナロハ11539（形式11500）、1911年神戸工場あるいは汽車東京の製造で、車体の実長は16,408mmである。

　この台枠をケハ502に転用したとされており、長さの不足分は継ぎ足し＝他の台枠（例えばケハ501の残余？）を切り継いで使ったのか。現車に接した時点では床下をのぞき込む知識もなく、詳細は不明のままで、羽後鉄道と違い設計書にも記載がない。

　ナハ10056の台車は明治42年度基本だが、ケハ502は明治45年式をコロ軸受に換えたものと報告され、その後特段の検証もなく引き写されている。台枠同様観察を怠り今頃になって写真をルーペで見るだけだが、台車主台枠リベットなどから、確証はないが42年式が正しいかと思われる。また設計書でのホイルベースは2,450mmだが、当時の基本型台車は8フィートで、国鉄形式図では2,438mmと換算されている。車体が長いだけに足回りの収まりは良い。

　機関は車体が大きいこともあり、当時ピッカピカの神鋼造機製DMH17で、北海道内私鉄では夕張鉄道に次ぐ。まともなメーカーの新製車ならともかく、この時期かようなバッタ車輌（失礼）に装着したのも珍しい。三岐鉄道が戦災払下げ車輌（旧中国鉄道キハニ171）のキハ82にまずGMF13を付け、1年後DMH17に換装した例があるが…。

　なお泰和車輌は1963年にもなって、木製客車の台枠を使用した北海道拓殖鉄道キハ301を製造している。その後北海道での鉄道車輌需要消滅後も除雪車や機械メーカー、株式会社泰和として活躍していたが、昨今はホームページも消えてしまっている。

留萌鉄道キハ502。

1954.8.10　恵比島　P：青木栄一

羽幌炭礦鉄道キハ11。白帯をめぐらした車体のワインレッドが雪中で映えていたが…。　　　　1960.11.28　築別炭礦　P：湯口　徹

5.　羽幌炭礦鉄道キハ11
＝富士重工業株式会社

　キハ10000に始まる国鉄レールバス─後のキハ01〜03系は、1954〜56年度に東急車輛で計49輌が誕生したが、私鉄向きはこの富士重工業製キハ11が最初。設計認可1959年3月25日、竣功届30日のため、例によって竣功図その他公式製造年月は認可日に合わせ無難な1959年3月だが、納品はもっと早かったはずである。

　機関はアンダーフロアーエンジンバス（ブルーリボン）用に開発されたシリンダ横置き日野ＤＳ22で、トランスミッションも同じバス用を使用しているのは国鉄車や簡易軌道も同様。定員60（内座席28）人、自重9.75トン、逆転機歯車比は3.813。

　築別炭礦機関区で実見した組立図で目をむいたのは、窓幅や柱幅の表示がなく、すべて柱材心心間の寸法であったことで、45年以上経過してもこの記憶は鮮やかである。バスや建築では通常の作図法であることは後年知ったが、我国鉄道車輌[*1]では恐らく初めてではないか。つまりはバス用の規格鋼材、サッシ等を組み合

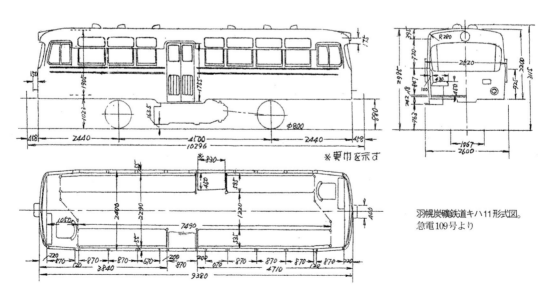

羽幌炭礦鉄道キハ11形式図。
急電109号より

羽幌炭礦鉄道キハ11。

1960.3.20　築別炭礦　P：湯口　徹

わせたもので、従前の鉄道車輌の常識を覆す車体だったのである。設計審査当局が要求する扉部分などは当然実幅が示されている。

　最大寸法は10,296×2,600×3,115mm、車体実長9,380mm、ホイルベース4,500mm、室内天井高1,905mm、床高は1,023mm（国鉄レールバスは970～995mm）。車体実幅は窓下部分が2,400mmと最も広く、上下が若干だが絞られている。室内最大幅は2,290mmで、通常の気動車なら80～90mm程度の側構造は55mmと薄い。

　これは後年第三セクター等に供給された富士重工業製レールバス（2軸、ボギー共）も同じ寸法で、バスとの共通数値＝鋼材使用、かつ同じ富士重工でも、車体はバス部門が担当したことを示し、外板は溶接ではなく重ね合わせてのリベット止め[注2]であった。国鉄車同様、エアブレーキはドラムでブレーキシューがなく、計器やスイッチ類などはほぼバス用品の流用である。

　この車輌は燃料消費をDMH17装着車の1/3程度、車輌価格で半分程度との見込みで閑散時用に導入したと聞いたが、現実の燃費は半分程度の節約に終わったようである。当時炭礦が最盛期で出炭量もピークが続き、従業員やその家族も当然急増して超々満員が珍しくなかった。

　結局はキハ22が3輌導入され、このキハ11は本来の目的を達することなく1966年廃車と、僅か6年ほどの

かない生命であった。道内屈指の炭質を誇る羽幌炭礦が倒産し、特別閉山交付金を目的に突然閉山したのはその4年後である。

　メーカーは試作品を押し込む先として、レールバスがポピュラーな北海道を選んだのであろうが、それが運炭鉄道だったのは間違いであった。出現が早すぎ、世間に受け入れられるに至らなかったともいえる。のち第三セクター向けレールバス開発時には、メーカーも図面資料等すべてが廃棄済であったと聞く。

　この車輌は「国鉄キハ03を基準とし、運転席半室、座席はクロスと長手」なる、現車や図面確認を怠った推測紹介がなされ、接した人が極めて少なくそのまま流布した。後述西大寺鉄道キハ8／10と違い、図面さえ確認していれば生じ得ないケースだが、他山の石としたい。

＊1 その後富士重工業製レールバス、第三セクター用軽動車でポピュラーになっている。ドイツのシーネンオムニバスは最初からこの描き方であった。
＊2 当時のバス構造としては珍しいものではないが、鉄道車輌＝旅客営業用新製車としては後の南部縦貫鉄道と共に、戦後他例がないと思われる。

小熊米雄「羽幌炭礦鉄道」鉄道ピクトリアル145号
湯口　徹『私鉄紀行／北線路―never again（下）』
湯口　徹「レールバスものがたり」「レールバスの軌跡」鉄道ファン221、544号

津軽鉄道キハ2402。機関は付いているが窓枠も何箇所か無く、荒れ放題。

1971.8.31　五所川原　P：湯口　徹

6.　津軽鉄道キハ2、3
→キハ2402、2403

＝株式会社新潟鐵工所

　この鉄道は戦前片ボギー車とディーゼルカー各1輌のみ、しかも後者は試運転中に機関を損傷し、すぐガソリン機関に積み替えたという経緯があるが、戦後1950年という早い時期に新車を購入した。

　設計認可申請書には「100人乗半鋼二軸ボギーヂーゼル動車」2輌とあり、日野ＤＡ55装着、定員100（内座席50）人、自重約20トン、設計申請1950年7月23日、認可は10月30日、キハ2、3として竣功したが、すぐ東北式のキハ2402、2403に改番。当局決済文書には備考として「設計書第16項は代燃装置木炭ガスによる吸入着火方式として処理する」と記入されている。

　一見国鉄キハ41000と同じようで、台車ホイルベースも1,800mmだが、車体実長15,000mm（国鉄車15,500mm）、扉幅900mm（850mm）、台車心皿間10,000mm（10,500mm）、さらには側窓幅が扉間700mm×13個（580mm×16個）、妻扉間窓500mm（580mm）などの差異がある。すなわちキハ41000に「似ているが非なる」車輌で、後述の鹿本鉄道キハ1、2は踏込みが2段、座席一部クロスシートの差はあるが、同図による同型車である。

　座席はロングシート、最大寸法は16,220×2,740×3,750で、変速機比は①4.21、②2.44、③1.55、④1.00と国鉄車より低いが、逆転機比が4.90（キハ41000は3.489、40000が4.057、42000は2.976）と大きくとってあるため、最高速度は54.5km／時と低い。

　図面では動台車側自連（柴田式座付第二種）が付随

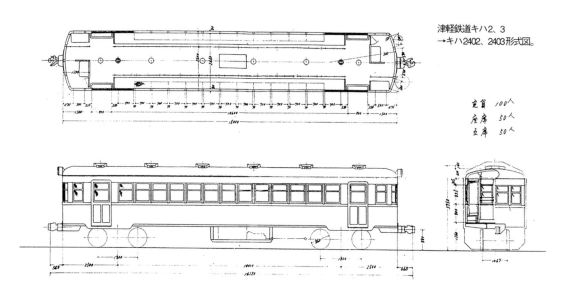

津軽鉄道キハ2、3
→キハ2402、2403形式図。

定員　100人
座席　50人
立席　50人

津軽鐵道キハ2。　　　　新潟鐵工所写真　所蔵：湯口　徹

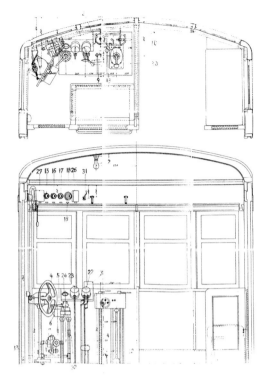

津軽鉄道キハ2、3→キハ2402、2403乗務員室機器配置図。
元制御器は国鉄仕様である。

台車側に比し160mm突き出ており、代燃ガス発生炉設置を示している。上記「設計書第16項」とは次の通り。

　「代燃装置　木炭ガスに依る吹入着火方式

　使用燃料　燃料油のみ又は代用燃料（木炭ガス）を
　　併用し得」

　そしてこの2行はなぜか2本線による、いわゆる「見え消し」で消してある。第25項として「代燃ガス発生装置の構造」という項目があるが記載はない。昭和25年6月と記入された「津軽鉄道殿御注文　二軸ボギーヂーゼル動車仕様書」には「機関は木炭ガス使用に依る吹入着火方式を設けます」と明記している。

　明白に代燃炉を装着したメーカー竣功写真（キハ2）があり、確証は得られないが上記事情から、当初代燃車で申請し途中で実情に合わせ100％ディーゼル車に変更を予定。しかし認可当局は最終的に代燃炉設置を指令し、やむなく装着して竣功した「希少例」かと思われる。竣功届は認可日に整合させ無難な1950年11月17日、キハ2402、2403としてだが、設計申請日から見てもかなり早く就役し、かつ代燃炉も早々に撤去していたのであろう。

　電車の導入で動車が余剰となった三岐鉄道から、1957～58年に購入したキハ2404～2406（←キハ3、2、1、1931年日車本店製）が長らく活躍する一方、キハ2402は1971年現在荒れ放題で窓枠もいくつか失われ、車内には不用物品が放り込まれた倉庫同然、2403は客車代用で、実質寿命は20年に満たなかった。新製車とはいえ、他社例同様まだまだ敗戦後の混乱期を引きずった粗製車輌の域を出なかったと思われる。

金沢二郎「津軽鉄道」鉄道ピクトリアル145号
湯口　徹『私鉄紀行／奥の細道（上）』

7.　羽後鉄道キハ1

　　　　　　　　　　　　　＝宇都宮車輌株式会社

　陸海軍飛行機を製造した中島飛行機株式会社が、ＧＨＱ[*1]により敗戦後12社に解体されたうちのひとつで、この宇都宮車輌を含む6社はのち富士重工業に再度集約される。後述の輸送機工業（→加越能鉄道キハ15001）も同じ出自（半田工場）で愛知富士産業を経ている。

　1950年10月製とされるのは、認可日による無難な＝当局を刺激しない設定と考えられ、現実にはもっと早いのであろう。車体はキハ41000形式に順じたロングシート車で、窓配置も同じ。竣功図での定員110（内座席50）人、自重20トン、設計書では自重21トン、座席48人で、ロングシートだからどっちでもいいのか。機関はＤＡ54改。

　横手機関区で見た竣功図には、最大寸法16,880×2,720×3,880（前照燈まで）＝基本型自連装着（座付シャロン第二種）に加え代燃炉分全長が長く、自重20トン[*2]、台枠がナハフ2864[*3]、台車はキハ42000形式のＴＲ29（ホイルベース2,000mm）、いずれも「当社より提供」、代価262万円、木炭代燃車とあった。

　この鉄道は敗戦後沼垂用品庫扱い、横手駅引渡しでホハ12221、12277、12143、ホハフ2806、ナハフ2864を10万800円で購入し、うち2輌は台枠以下を長物車に転

21

用後三菱鉱業美唄鉄道に売却。三真工業（秋田）で丸屋根木製車体を新製し、ナハ4、5になっている。資材不足の時期目先が利き、生活力旺盛な人物がいてかような物件を購入・転売していた。

　ＴＲ29も後にいう「発生品」を購入し、台枠共々宇都宮車輌に支給したのである。キハ1の設計申請は1950年6月10日、設計書は羽後鉄道名義で「昭和25年6月」の日付があり、「本車輌は国鉄所有ナハフ二、八六四号三等客車の戦災車の払下を受けたものを利用して木炭代燃動客車（三等）を製作するものであります」「横荘線の蒸気列車運転が経営上に及ぼす影響が多いから、之が合理化の為め曩（さき）に払下げを受けましたボギー客車の台枠を利用し木炭代燃動車に更改致し度いと存じ関係書類（図面共）相添え提出致しますから御認可下され度御願し上げます」とある。

　前述のようにこの時期、ディーゼル車は代燃方式でないと認可されなかった。羽後鉄道提出の資料では、横手―二井山間および横手―羽後大森間各1往復、計93.6kmに必要な石炭約2.4トン、保火用0.2トン／約8,103円、ガソリン車羽後大森3往復で74.52ℓ／2,517円余。ディーゼルカーだと横手―二井山間1往復（52.2km）、羽後大森間4往復、計217.8kmで軽油65.28ℓ／755円98銭で済む。また石炭は北海道産だと1トン6,300円もするので、4月～降雪期までは低質だが秋田県阿仁合産出萱草炭（3,100円）で算出と注記。かつ600Ｖ電化の雄勝線は339万円の黒字なのに、横荘線は1,967万円の収入に対し支出2,447万円余で480万円の赤字（1949年度）と、認可当局が及び腰のディーゼル認可取得に懸命なのが伝わってくる。

　変速機ギヤ比①4.21②2.44③1.55④1.00および逆転機同（3.94）は国鉄制式車と異なり、前者は前述津軽鉄道、後述常磐炭礦、鹿本鉄道とも、日野の純正品＝大型自動車あるいは重機用であろう。代燃装置は木炭瓦斯発生容量90瓩、「着火方式として軽油燃料装置を装着す」「定員乗車の状態にて最高速度毎時60粁（代燃にて）」、「千分の二五勾配登坂性能第二段二〇粁毎時の速度にて連続登坂可能」とあり、暖房装置がないのも常磐炭礦と同じ。

　設計認可は1950年10月20日、竣功届11月27日である。羽後鉄道は1952年2月15日羽後交通に改称しているが、この1067mm軌間私鉄「戦後最初の新製内燃動車」は極めて薄命であった。1957年5月17日車庫火災で虎の子のＤＢ1共々焼失（8月28日廃車届出）したからで、写真も極めて少ない。小生は1955年3月、機関区で助役氏から他社ディーゼル車輌情報を根掘り葉掘り聞かれている中、現車を横目で見ながら撮影し損ね、再訪時には廃車済であった。

　川上幸義「羽後交通とその車輌」（鉄道ピクトリアル83号）掲載写真では片側に代燃台と思しきものが見える。上記津軽鉄道キハ2、3と同時期のため、現実に発生炉を装着して竣功したとは思われるが確認できず、代燃は認可取得上＝書類・図面上だけの可能性も残す。竣功図を見ているのに写図せず、ホイルベース2,000mmなど要目をノートしただけなのが悔やまれ、車体がキハ41000と本当に同寸法かどうかも確言できない。

＊1 General Headquarters＝連合軍総司令部。
＊2 台枠が客車の流用ならもう少し重いはずだが、運輸省民営鉄道部（1953年3月現在）「私鉄ディーゼル動車現況表」でも20.0トン。
＊3 形式2860、←ナニ6303←ナニ8877←ホニ8877←日本鉄道はに319、大宮工場1909年製造。

金沢二郎「羽後交通」鉄道ピクトリアル173号

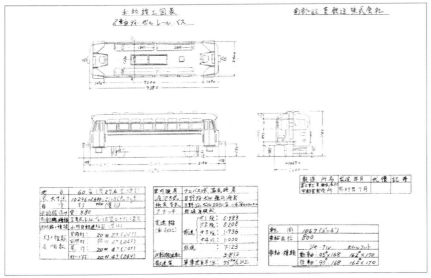

南部縦貫鉄道キハ101、102竣功図。
所蔵：寺田裕一

南部縦貫鉄道キハ102。

1977.1.16　野辺地　P：湯口　徹

8.　南部縦貫鉄道キハ101、102
＝富士重工業株式会社

　羽幌炭礦鉄道キハ11に3年余遅れて登場した富士重工業製レールバス第二弾で、設計申請は1962年5月7日、認可10月3日、開業は10月20日だが、試運転を重ねるため7月に納品されている。

　扉は羽幌の中央1か所から両端になり、これは国鉄車と逆だが、車体構造は羽幌を引き継ぎ、この外板重ね合わせリベット留め＝当時のバスと同様の構造は3輌に止まった。さらには今後出現するとも思えないから、この2輌が我国最後の機械式動車でもある。

　最大寸法10,296×2,600×3,165mm、定員60（内座席27）人、自重9.5トン、機関はDS90と新しい。ホイルベースは5,100mmに伸びたが、走り装置やドラムブレーキは羽幌炭礦鉄道キハ11と基本的に同じである。

　予算は2輌で1,200万円だが、「使用開始後36ヶ月月賦支払[1]」という契約条件には驚かされる。頭金ゼロ、しかも営業開始＝売上発生後の収入で支払う購入であり、第三セクター鉄道のはしり＝地元自治体が表にたった会社であればこそ、メーカーも受け入れざるを得なかった契約であろう。かの山鹿温泉鉄道ですら（むしろ「だから」だが）頭金を支払っている。またかような条件でも車輌を納入するのは他に新潟鐵工所しかない。

　この2輌は鉄道の休止（1995年5月6日）まで33年間稼動し続け、2002年8月1日廃止後も未だに健在で、後述常磐炭礦キハ21（→岡山臨港鉄道キハ1003→紀州鉄道キハ605）には負けるが、誕生以来44年になる。ダブルクラッチ[2]機械式動車の稀少残存例だが、模型まで発売されるなど、羽幌炭礦と大きく違い極めてポピュラーな車輌なので詳述は避ける。旧東北本線の直線区間では結構スピードが出たのも懐かしい思い出である。

　同種車輌の需要は結局他に一切掘り起こせず、富士重工業はレールバス開発を断念。1軸ボギー車による構想復活は、非採算ローカル線第三セクター化を控えての1980年以降と18年後に、試作車は翌年になった。

*1 同鉄道D451は 2,170万円、27ヶ月の割賦。
*2 クラッチを踏んで一旦変速機をニュートラルにし、再度踏んで
　　目的のポジションに入れる大型自動車での方式。

宮沢元和「南部縦貫鉄道」鉄道ピクトリアル199号
湯口　徹「レールバスものがたり」鉄道ファン221号
（その他多数につき省略）

南部縦貫鉄道キハ101車内。小学生の団体が乗り込んで一挙に賑やかに。左で新聞を手にするのは車掌。　1971.6.1　P：湯口　徹

仙北鉄道キハ2406。
1960.3.17　瀬峰—西郷　P：湯口　徹

仙北鉄道キハ2406。朝ラッシュ時の長大編成。キハ2406＋ハニフ1404＋ハニフ1403＋キハ2402＋ハ1401＋ハフ1406。

1958.9.1　瀬峰　P：湯口　徹

9.　仙北鉄道キハ2406
＝東急車輌株式会社

　国鉄キハ42600を5輌、レールバス49輌、札幌市交通局路面ディーゼルカー16輌全部を納入した東急車輌だが、私鉄機械式動車はこれが唯一の作品である。設計

申請は1955年1月10日、当初から竣功予定は3月20日と明記されていたが、当局は目を三角にもせず認可は3月26日。ただし「申請車輌の軸重は所定動荷重の軸重より過大であるから、所定動荷重の変更手続をすること」との通達が付されていた。工事費予算は550万円。

　定員92（内座席46）人は我国軽便用として最大[*1]の

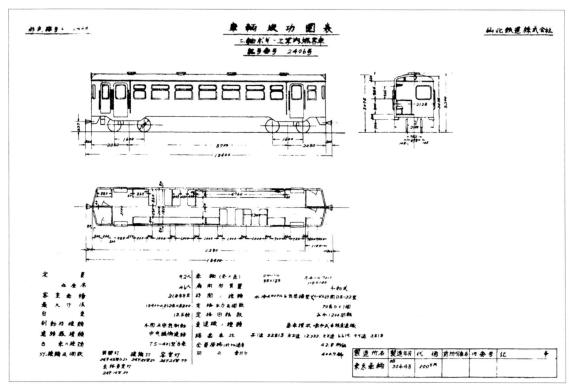

仙北鉄道キハ2406竣功図。

宮城バス仙北鉄道キハ2406車内。片クロスシートである。

1967.10.29　P：湯口　徹

内燃動車で、全長（13,400mm）も栃尾電鉄モハ210（13,600mm）以降に僅か及ばないだけである。後近畿日本鉄道モ260（車体実長16,000mm）が出現したが。自重13.5トン、機関は日野DS22で、通常ボギー客車2輌を牽引し、ラッシュ時には他の動車と共にDTTDTT＝計6輌の長大編成もあった。

ギヤ比は①5.983、②3.108、③1.723、④1.000、逆転機3.813。本格的な温水式暖房装置としてウエバスト85HL5を装着して登場したのは、軽便用では北海道簡易軌道を除き唯一であろう。片クロスの座席も戦後[2]では唯一。湘南スタイルの流れで鼻先が若干とがった2枚窓妻面、ノーシル・ノーヘッダー、固定窓はHゴムでの鋼体直接取付け、全金属車体で、台車は菱枠。

この鉄道は3、4輌目のボギー動車を手荷物搭載のため左右扉を窓1個分ずらした独特の設計としたが、5輌目に当たる戦後のこのキハ2406は通常である。1964年古川交通を母体に合併し宮城バスとなり、1968年3月25日に廃止された。最も古く小さい動車2輌が磐梯急行電鉄（←日本硫黄沼尻鉄道）でごく短期間再起した以外すべて解体、この最新車は日本鉱業（佐賀関鉄道）ケコキハ512と同じく僅か13年の生涯に終わった。

＊1 1937年5月日車本店製新興鉄道（朝鮮）ケハ1001、1002は100人（全長14,370mm）。
＊2 戦前には藤相鉄道キハ1〜3、中遠鉄道キハ3がある。

亀谷英輝「仙北鉄道」鉄道ピクトリアル186号
湯口　徹『私鉄紀行／奥の細道（下）』

10.　小名浜臨港鉄道キハ103
＝日本車輌株式会社東京支店

　この鉄道は1940年11月武州鉄道キハ5、12月北見鉄道キハ1を、1944年国鉄キハ5025（←北九州鉄道キハ8）を購入し、いずれも内燃動車としての使用を目論み設計を申請したものの、時節柄実現に至らず、3輌とも客車（ハ5、1、7）になった。

　1951年5月22日工事方法書変更（内燃動力併用）認可。キハ41039、旧中国鉄道キハニ120を購入し、日野DA55Bを装着しキハ101、102に。

　1952年9月24日「車輌譲受使用認可申請書」を提出し12月22日認可。仙台電車区にいたキサハ40050（←キハ40303←新宮鉄道キハ204←富山鉄道ジハ2。日車本店1931年8月）を73万5,195円で購入したもので、国鉄との売買契約書には1952年7月（日は記載なし）とある。動車としての手続きはなく、客車としての申請であろう。

　さらに1954年6月21日「今般弊社において日本車輌株式会社所有の二軸三等ボギー客車（中古車）を購入し使用致し度」と「車輌設計認可申請書」を提出。「理由書」には「弊社所有客車は内燃動車三輌、同付随車一輌計四輌であるため春秋の旅行季節及夏季海水浴の時期には輸送力が不足し混乱を極めますので一輌を増備し旅客輸送の円滑を計」るとある。この時点「内燃動車3輌、付随車1輌」とは、キサハ40050を動車に算入＝

27

小名浜臨港鉄道キハ103。

1986.4.5.3　小名浜　P：今井啓輔

現実の輌数と合致せず、付随車とは上述片ボギー車ハ7であろう。

　設計書の要目は定員80（内座席37）人、自重12.5トン、台車はTR28形（＝キハ40000形式の動台車）、ホイルベース1,600mm、最大寸法12,390×2,640×3,695mm、車体内寸法11,150×2,350×2,300mm。

　現実のキハ103はリベットなしの車体、扉は木製で、ほぼキハ41600に準じている。台車ホイルベースはTR26と同じ1,800mm（のはず）なのだが、上記設計書中最大長、車内幅2,350、ボギー中心間6,600mmはキサハ40050→キサハ8の数値（最大長12,390mmは仙台でシャロン自連装着時？かと思われ、新宮鉄道→紀勢中線時代螺旋連環式連結器・バッファー時代12,224mm、その前富山鉄道時代は簡易連結器装着で12,020mm）である。すなわち設計書記載数値と現車とは大幅に乖離していた。機関は新潟製LH6＝DMF13。

　キサハ40050の定員は83（内座席40）人、自重は竣功図で13.3トン、新宮での動車時代は14.07トン、キハ41000は20〜21トン程度だから、12.5トンとはいずれにせよ、あり得ない数値である。

　小名浜臨港鉄道車輌台帳でのキハ103は自重20トン、定員124人、内座席56人だが、キサハ40050の更新車となっていた[1]のは、上記要目とも一致する。その反面キサハ40050は現実にキサハ8として健在だったのだから、二重車籍？であり、後修正された。

　キハ103は通説どおり日車蕨工場で戦後新製された車

輌と考えられる。1952年では何の遠慮も要らず新車設計が申請できたのに、なぜこんな手管を弄したのか、申請書に「中古車・日車所有」と記されていたのが不可解だが今となっては解明しようがない。日車が見込み生産かキャンセルかで、新製車体を抱えていたとしても我々の知らない事情がまだありそうだ。

　1967年4月20日福島臨海鉄道と改称、1972年10月1日旅客営業を廃止し、翌年2月解体された。

*1 髙井薫平「小名浜臨港鉄道」鉄道ピクトリアル186号。

11.　常磐炭礦キハ21
＝宇都宮車輌株式会社

　常磐炭礦は1950年8月20日付「企業合理化に基く配置転換の結果生ずる破員輸送のため」として「綴−川平間に木炭内燃動車を運転致すことになりました」と従来蒸気動力の「綴−高倉線に今般内燃動力併用」を申請。石炭統制廃止の結果川平坑での低品位炭採掘を縮小、80名の余剰人員を綴、住吉坑に配転するが、その輸送用として295万8,000円で動車1輌を新製。1日延べ約200人を無賃で輸送するとある。

　車輌は自重17トン、定員80（内座席28）人、車体実長11,500mmとキハ40000並の小型車で、機関は日野DA55（「ディーゼル発動機トシテ使用スル場合」115馬力／1,800）、木炭ガス発生炉を装備し「着火方式トシテ

常磐炭礦キハ21。従業員輸送（無賃）に使用。　　　　　　　　　　　　　　　　　　　　　　浜井場車庫　所蔵：小宅幸一

軽油燃料装置ヲ装着」など、前記羽後鉄道キハ1と同じ
で、変速機ギヤ比も同じ。逆転機比のみ4.25とやや大き
いのは何か手持品があったのか。台車ホイルベースの
1,800mmはキハ41000と同じで、発生品再生の可能性も
ある。内燃動力併用は1951年1月13日、設計は1月24日
認可され、キハ21とする竣功届は3月9日竣功として翌
日。

　車体は宇都宮車輌製動車に共通する張上げ屋根で、
妻面4個窓、側面は扉間窓8個（キハ40000は10個）で
ある。道床面からの乗降に備え踏込が2段あり、その分
戸袋とも裾下がりが深い。

　このキハ21は代燃ガス発生炉を装着しているため全
長13,740mm[*1]、まことしやかに木炭瓦斯発生炉、遠心
分離器、第一・二清浄器などと設計書に列挙しながら、
炉は最初から装着せず、100％ディーゼルカーで竣功・
納品されている。当時すでに燃料はヤミでも豊富に、
ガソリンよりはるかに安価で出回っており、認可さえ
得ればよかったし、当局も気付かぬふりをしていたの
であろう。

　しかし現実の走行開始は1952年1月12日の由で、この
ピカピカ新車は、正規の資格をもった運転手がいない
という、にわかに信じ難い理由で11か月間[*2]雨ざらし
を続けたのである。おやけこういち『常磐地方の鉄道』
52頁に「専用鉄道は国鉄が運転管理してましたから、
国鉄の機関士と同じ資格が必要だったんですけど、会
社も知らなかったんですね」という運転士の回顧が記

されている。運行は3交代の砿員出退勤に合わせ、地元
新聞によると綴発5:00、6:50、13:00、14:50、15:45、21:00、
22:50の7往復。

　1956年にこの気動車による人身事故の記録があり、
少なくとも4年は就役していた証左になるが、その後坑
口集約に伴う閉山などがあって活躍期間は短く、廃止
の時期も明確でない。

　以後再び長期失業を続けた挙句、汽車会社東京支店
で改修され、岡山臨港鉄道キハ1003として納まったの
が1959年12月。戸袋とも踏込を1段に切り縮め、逆転機
をキハ40000のもの（ギヤ比4.057）とし、室内灯も蛍光
灯化され、定員が82（内座席32）人に増加した。ヘッ
ドライトの位置も下げている。

　しかしここでは小型すぎ、あまり走行実績がないま
まに終始。皮肉は続くもので、その小型が買われて同
鉄道廃止（1984年12月29日）後唯一再々起し、紀州鉄
道に転じてワンマン化改造、妻面は中央窓幅を拡げた3
枚窓化—キハ605になった。

　ところがこれまたついぞ稼動した話を聞かぬまま、
紀伊御坊で露天留置（というか放置）を実に20年続け、
北条鉄道からキテツ1（←フラワ1985-2）を購入後や
っと除籍されたが、現車は同県内に保管されている由。
新製以来機関はＤＡ55のままで、実に半世紀以上を生
きながらえたことになる。機関部品を調達保管してい
たとも思われず、この間現実の走行粁は一体どれ程な
のか。

岡山臨港鉄道キハ1003。踏込を一段に、前照燈位置も改造している。

1960.2.12　汽車会社前　P：湯口　徹

　なお岡山臨港鉄道での車輌台帳、竣功図等関係書類の製造年月欄に「昭和27年1月13日」と記されていたため、紀州鉄道を含めほぼすべての車輌紹介で製造1952年1月とされ続けている。

＊1 連結器も当初から簡易連結器であり、岡山臨港鉄道での最大長12,240mmが現実の寸法と思われる。
＊2 設計書には1950年4月30日の日付があり、現実の竣功はさらに早かったかもしれない。

湯口　徹『私鉄紀行／瀬戸の駅から（上）』
白土貞夫「綴駅跨線橋建設記念碑と常磐炭砿の気動車庫跡」鉄道ピクトリアル583号

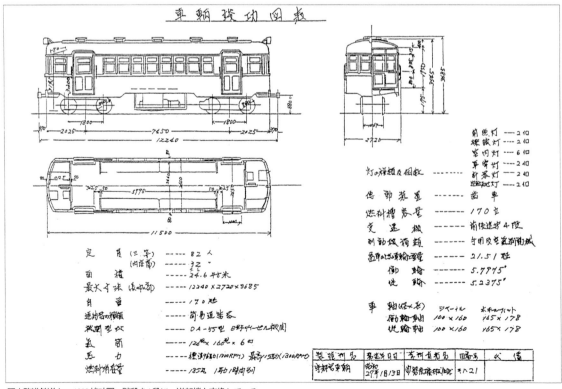

岡山臨港鉄道キハ1003竣功図。踏段を1段に、逆転機も交換している。

常総筑波鉄道キハ40085。台車はブリル27GE1から菱枠に交換している。

1962.6　水海道　P：田尻弘行

12-1.　常総筑波鉄道　キハ40084、40085

　設計申請1953年5月4日、認可および特別設計許可8月4日。特別設計とは車体最大幅が地方鉄道建設規程（第三号図面／車輌定規で2,744mm＝9フィート）を超

える2,780mmだからである。種車は1948年に廃車後1948年3月10日申請、6月14日認可で国鉄から「認可の日から3か月」として借入れ筑波線ホハフ201、202として使用し、1950年10月購入したクハ213、214←南武鉄道クハ213、214。

　木南車輌1940年製と新しいだけにスマートだが、あ

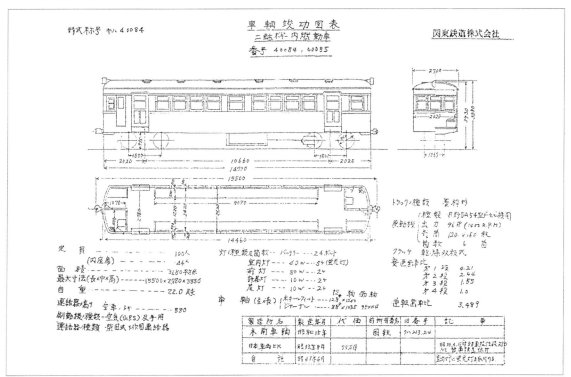

関東鉄道キハ40084、40085竣功図。台車はブリル27GE1から菱枠に振替後の姿。さらに両運転台とも乗務員扉があるが、現実には1か所のみ。

所蔵：亀井秀夫

たかも戦災車のごとき側板ボコボコ状態等から見て、元来が粗製車輌だったと思われる。改造は水海道工場で行い、中央扉を埋め窓にしたがヘッダーは元のまま残り、両端扉下部に踏込みを付け、定員100（内座席44）人、自重22トン（後の竣功図では22.36トン）。

「古二軸ボギー三等制御車」2輌の購入費は113万7,828円（隅田川用品庫扱い）で、売買契約日付1950年10月5日だが、現車は2年以上前に確保していたから、現実に動車としての竣功は設計申請よりはるかに早く、遅くとも1951年には就役していたのであろう。水海道工場事務所の工場長席背後に「貴工場は車輌不足の折柄電車を気動車に改造しその功績きわめて大」なる主旨の社長表彰状が飾られていた。その表彰状日付をメモしていたら、就役時期を知る手掛りになったはずだが…。

車輪もスポークとプレートスポークを混用し、運転手正面窓以外の下段は横桟で2枚に仕切り＝資材不足で面積の小さいガラスを使っていて、一見モハ63の3段窓

関東鉄道キハ40084、40085の振替後の台車。スプリングや揺れ枕を外し、工場仮台車として使用中。　1985.11.14　水海道　P：湯口　徹

のようであった。これらはすべて資材不足＝1950年代前半、それも極めて早い時期の工事であることを示す。いかに自家改造とはいえ、設計を申請した1953年にもなって、このような車輌が出現するとは考えにくいからである。後年はさすがに下段横桟を撤去していた。

機関は日野ＤＡ54、変速機ギヤ比はキハ40086も同じく①4.21、②2.44、③1.55、④1.00と日野の純正品で、逆転機比は3.489。機関および材料費は2輌で431万5,612円、労務費123万1,120円、1輌334万2,280円とある。

台車は元来の旧南海鉄道ブリル27ＧＥ1をそのまま使用。設計書記載のホイルベースは動台車1,442.5mm、付随台車1,430mmとあり、南海のブリル27ＧＥなら4フィート6インチ＝1,372mmのはずだが、コロ軸受に交換した際改造[1]したのだろうか。

なお気動車から制御車を含む電車にした例は多いが、逆に電車に内燃機関を装着改造したのは常総筑波鉄道と小湊鉄道だけ。こんな形式番号になったのは、末尾2桁を北九州鉄道買収気動車であるキハ83に続けた＝認可前後にまことしやかに揃え直した＝すなわち当初は別の番号だった可能性すら考えられる。

1958年8月キハ40085がホイルベースの短い不安定な台車を、今度は丈夫そうな菱枠（軸距1,800mm）に75万円で交換し、キハ40084も続いて同様改造、1968年には室内灯を蛍光灯に改めた。1969年キハ40084が筑波線に移籍したものの、動車が次々と整備され続け、活躍の場はほぼ残されていなかった。その後キハ40086を含め3輌共休車同然となり、1972年5月8日廃車された。

＊1　そのような改造が可能かどうか小生には分からない。

関東鉄道キハ40084。台車は菱枠に交換している。右端の窓のみガラス不足時の下段中桟が残っている。　　　　1962.6　水海道　P：田尻弘行

常総筑波鉄道キハ40086。TR23もどきの台車が珍しい。

1955.3.30　水海道　P：湯口　徹

12-2.　常総筑波鉄道キハ40086

　種車となったのは日本鉄道自動車工業が戦時中に製造したホハフ551で、竣功図記載は1943年9月20日「新造」だが、客車設計申請1942年9月3日、認可9月27日。

「弊社今般日本鉄道自動車工業株式会社ニ於テ四輪ボギー客車一輌新造致度」「旅客増加ニ伴ヒ在来ノ輌数ニテハ不足ノタメ」「工事材料ハ本工事請負会社タル日本鉄道自動車工業株式会社ノ手持品ヲ使用ス但シ車輪八個ハ当社持合品ヲ使用」などと記されている。

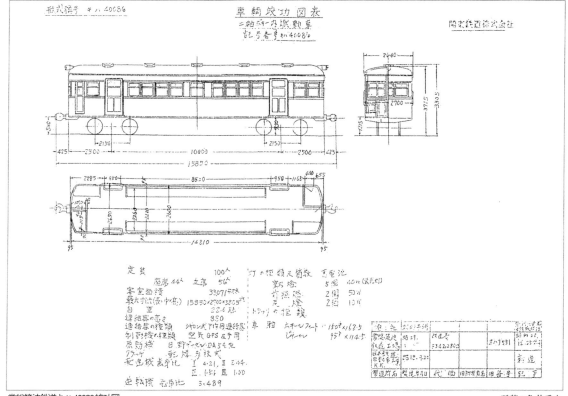

常総筑波鉄道キハ40086竣功図。

所蔵：亀井秀夫

確証には乏しいが、電車としてどこかに売り込むはずの未完成＝資材不足で電装ができないままの不完全車輌（ないしは車体）を、客車として常総鉄道が獲得した可能性が強そうである。車体実幅2,600mmはまさしく気動車の寸法なのだが。この時点定員120（内座席51）人、自重19.5トンとある。

設計変更認可は1953年12月25日、やはり水海道工場で中央扉を埋め窓にし、日野ＤＡ54を装着、定員100（内座席44）人、自重22.0トンのディーゼルカーに仕立てた。ギヤ比はキハ40084、40085と同じで、台車はホイルベース2,150mmの、やはり日本鉄道自動車製かと思われるＴＲ23もどきをそのまま、軸受をコロ軸に変更して使用。

竣功図には改造費334万2,280円とあり、上記キハ40084、40085と全く同額＝3輌の改造に要した経費を等分しており、その点からもこの3輌は、ヤミ軽油による100％ディーゼルカーとして、相当早い時期での一連の竣功と見るべきであろう。その上設計手続きは燃料制限解除後＝現実の竣功・就役後相当経過した後に行ったことが、次に記すキハ41021のケースからも判断できる。

蛇足だが、常総筑波鉄道は1957年日車東京支店でホハ1001なる、やはり電車タイプ貫通式の客車を1輌新製し、翌年キサハ53に。1961年11月ＤＳ40Ｂを装着したキハ511に改造しているが、ＤＢ100を付けたトルコン車なので本稿からは外れる。しかも10年足らずでまたキクハ11と制御車になった。

12-3.　常総筑波鉄道キハ41021
＝日本車輌株式会社東京支店

常総筑波鉄道は1952年2月9日契約、鹿児島用品庫扱いのキハ40320を入手し、同年6月13日車輌設計・特別設計を申請、10月17日認可および許可を得た。認可日に整合させ竣功図等での製造年月は1952年10月だが、5月には完成していたようである。特別設計の内容は不明。

これは汽車会社1933年8月製北九州鉄道ディーゼルカー、ジハ20が買収されキハ40650に、ＧＭＦ13換装でキハ40320に改番されたもので、元来は定員76（内座席43）人、自重16.5トン。

現実には菱枠台車のみ使用したため、動台車ホイルベースは750＋1,150mmの偏心（付随台車は1,500mm）、かつ汽車会社独特のヨークと端梁つき菱枠である。車体は更新修繕名目により、日車東京支店（蕨工場）でキハ41000というより、戦後製41600台とほぼ同じものを新製した。台枠も新製したか、旧車のものを再生延長使用したのかは資料が得られず不明だが、竣功図での心皿位置等はキハ41000と同じである。

この鉄道（戦後）の付番法は理解に苦しむことが多い無節操？の場当たりだが、既に国鉄から購入したキハ41001〜41004が活躍し、さらに多数の払下げ取得を予定（現実には41007まで達した）したためか、21まで飛ばした。ロングシートで110（内座席52）人、自重20トン。

機関は日野ＤＡ54、変速機ギヤ比は①4.21、②2.44、

常総筑波鉄道キハ41021。台車（汽車会社製）にヨークと端梁がついているのに注意。　　　　　　　　　　　1957.8.16　水海道　Ｐ：湯口　徹

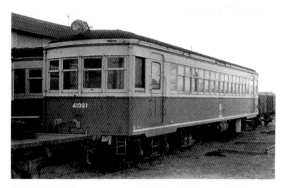

関東鉄道常総線キハ41021。この時点踏込がなくなり、木製扉なのに
Hゴム化されている。　　　　1974.1.19　水海道　P：湯口　徹

③1.55、④1.00、逆転機も3.02と小さい。所要経費は国
鉄からの購入が69万5,964円、改修工事400万円、機関
90万円、計559万5,964円也とある。

　その後振興DMF13Cに換装、TC－2を装着したが、
1976年7月22日廃車された。1974年の撮影時点では、扉
下の踏込みが撤去＝ステップレス化され、扉は木製な
のに、ガラス保持がHゴム＝その周囲のみ鋼板という
奇妙なものであった。

　後年の竣功図には製造所日本車輌（改造）、製作年月
昭和27年10月、前所有者国鉄、旧番号キハ40320、記事
欄に昭和27年10月17日鉄監第1129号にて譲受使用並設
計認可／水海道工場（改造）昭和38年12月、250万円、
昭和38年11月18日付車輌設計変更認可／昭和43年6月
室内灯に蛍光灯を取付けるとある。逆転機比もいつし
か3.44になっている。

12-4.　常総筑波鉄道キハ42002
＝日本車輌株式会社東京支店

　この鉄道としては戦後最初の「真っ当」な新製車で、
類型車はないが変速機および逆転機ギヤ比、車体実長
19,000mm、ボギーセンター間13,500mmはキハ42000と
同じである。設計申請は1954年11月12日、認可1955年
3月4日。定員130（内座席60）人、自重28.5トン、機関
はDMH17、台車は菱枠ではなく、プレスフレーム・
ウイングバネのNA4Dでホイルベース2,000mm。価格
は1,240万円で借入金とある。

　妻面は鼻先が若干とがった2枚窓、乗務員扉はなく、
固定窓はHゴムによる鋼体直接取付け、扉はプレスと
当時の流行をほぼ具備していて、ロングシートながら
キハ42600をベースに近代化したといえる、中々にスマ
ートな3扉車輌である。窓幅は900mm。

　しかしこの形態での継続車はないままに終わり、2年
後のキハ48001、48002からはトルコンが付き、2扉、乗
務員扉あり、貫通式のクロスシート車と電車スタイル
に、さらにステップレスとなる。再度3扉新車が現れる
のは1963年（キハ901、902）である。

　キハ42002は1957年3月20日設計変更認可でTC－2
を装着したが総括制御はできず、1965年1月29日設計変
更認可、日車東京支店で片運・ステップレス化、総括
運転可能に改造されキハ703と改番。室内灯もサークラ
イン蛍光灯になり、やはり片運化改造された相棒キハ
704（←キハ42001←国鉄キハ42004）に外された片側

常総筑波鉄道キハ42002。　　　　　　　　　　　　1955.3.29　水海道　P：湯口　徹

関東鉄道キハ703←キハ42002。片運・ステップレス化。その後さらに中央扉を両開き化、乗務員扉も設けられた。　　　　　水海道　P：亀井秀夫

（連結面）妻面を流用した。

　さらに1975年6月30日設計変更認可で乗務員扉新設および中央扉を両開きに改造。施行は日本電装である。1981年12月10日認可では室内を近代化改造したが、

1988年9月30日廃車されている。

臼井茂信、小石川多助、中川浩一「常総筑波鉄道」鉄道ピクトリアル158号

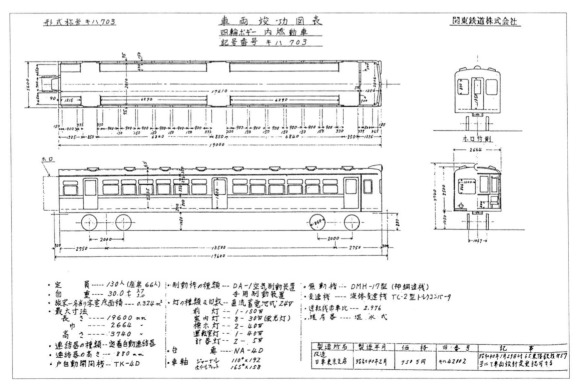

関東鉄道キハ703竣功図。ステップレス・片運化された当時の図で、連結器も日鋼製に変って全長も若干縮んだ。のち乗務員扉を設け、中央扉を両開き化。

13. 小湊鉄道キハ6100、6101

「集電装置及び制禦器関係撤去の上客車として使用いたしたく」との譲渡および設計変更申請は1955年9月13日、すなわち車輛の絶対不足期はとうに過ぎ、金さえ出せば新車を購入するのに何の不自由もない時期で、認可は12月15日。

広島地方資材部から256万8,000円で購入（契約書日付7月29日、播生工場引渡し）したクハ6100形式、クハ6100および6101の2輛の客車化で、自重も30.9トンから24トンに減少、定員120（内座席36）人とある。

これは旧青梅電気鉄道の電車で、モハ101、102が日車東京支店、103～106が川崎造船所製、買収により国鉄同番、のち電装撤去でクモハ100→クモハニ100と形式を変えている。最終102、104の2輛のみが可部線クハ6100、6101（実質サハニ[1]）として残ったもので、国鉄での廃車は1955年1月。

客車＝ハ6100、6101としての設計変更に重ね、小湊鉄道は動車への設計変更認可を申請して1956年4月5日認可、日車東京支店と帝国車輛で1輛ずつディーゼルカーに改造し、記号は当然キハに、番号は6100、6101を踏襲した。この時点で国鉄払下げのキハ41000が4輛そろっており、ボギー客車の必要があったとは考えにくい。現実には直接気動車に改造したのであろうが、手続きのみにしても、なぜ一旦客車としての設計を経るという手間を踏んだのか、この間の事情は分からない。

機関はＤＭＨ17Ｂを装着し、台車は元来のＴＲ14をコロ軸受に換えてそのまま使用とされているが、ホイルベースはクハ6101、6102時代2,180mm、キハ化後の竣功図では2,184mmである。外見はそっくりでも「純正の」ＴＲ14（8フィート＝2,438／のち2,450mmと表示）とはいえないのであろう[2]。

妻面はＨゴムによる2枚窓鋼体直接取付け、電車時代のアンチクライマーが残り、扉も鋼板Ｈゴムなどかなりの改修がなされ、車体はリベットが消えツルツルに。914mmの窓幅がより広く見えるのは元来幕板が広いためで、自重はもっと重いようにも思えるが25.0トン、定員120（内座席48）人、ドアエンジンも備える。

その後機関がＤＭＨ17Ｃに、さらにトルコン（ＴＣ－2）も装着したが、キハ201以降が続々と増備されるに及んで旅客営業を離脱。もっぱら貨車牽引を担当していたが、その貨物営業も1969年に廃止されて、細々と保線用程度に働いていた。

なおやはり国鉄クハ5800、5801（←301、302←三信鉄道デ301、302）を購入し気動車にしたキハ5800、5801は、当初からＴＣ－2装着で出現（譲受設計変更認可1960年3月18日）しているため本稿からは除外している。

＊1 青木栄一「小湊鉄道」鉄道ピクトリアル139号。
＊2 『世界の鉄道』1968年版「日本の私鉄気動車付随客車車輛諸元表」に記すＴＲ10の方が適切であろう。

小湊鉄道キハ6100。

1959.9.7 五井 P：湯口 徹

小湊鉄道キハ6100。
1973.9.11　上総牛久　P：湯口　徹

小湊鉄道キハ6101。　　　　　　　　　　　　　　　　　　　　　　　　　1958.4.13　五井　P：湯口　徹

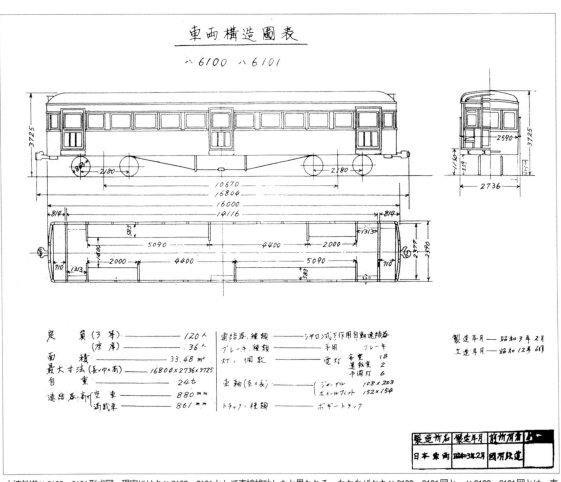

小湊鉄道ハ6100、6101形式図。現実にはキハ6100、6101として直接竣功したと思われる。なおなぜかキハ6100、6101図と、ハ6100、6101図とは、車体実長、心皿間寸法に大幅の乖離がある。

静岡鉄道駿遠線キハD14。最初だけに試作要素が多い。

1966.4.14　新袋井　P：湯口　徹

14.　静岡鉄道駿遠線キハD14〜

　客車（貨車）に機関を装着し気動車に改造した例は戦前に若干だが存在し、戦後ではオハ61、50系客車を種車にした国鉄車も出現している。しかし国鉄／ＪＲ工場・車輌所を含む車輌メーカー以外の、鉄道会社が気動車を自ら手作りした例は静岡鉄道駿遠線にしかない*1。それもキハD14〜20の7輌に及び、うち15、19、20は岡村製作所製トルコン装着で竣功しているが、本稿を機械式4輌に限定するとかえって理解しづらいので、全車一括して記すことにする。

　藤相、中遠鉄道は陸運統合により静岡鉄道の一部になってからも、旧来どおり藤相線、中遠線と呼称されていたが、敗戦後に両線を接続し駿遠線と改称。各地から客車を買い集める一方、蒸気機関車の車輪等を再用した独自の＝蒙古の戦車と俗称されたディーゼル機関車を9輌投入。気動車も廃止した赤穂、輌鉄道から購入し増備、車体延長も行ったが、1958年以降精力的に気動車直営新製に踏み切った。

　大手、袋井の両工場で競作の反面互いに協力し合い、長沼工場も電車からの発生部品を供給したのであろう。戦後車輌の自作や大改造は、専業メーカー化した西武所沢車輌を別格にして、栃尾電鉄と静岡鉄道が際立っていた。手作りのため、各車必ずしも設計書や竣功図の通りでない箇所もあったものと思われる。

　1958年7月29日設計を申請した第一作キハD14は、1959年3月25日認可。要目は次の通り。

　定員60（内座席34）人、自重11トン、車輪径710mmが最後のキハD20まで同じだが、実態は不明。最大寸法11,500×2,130×3,170mm、ホイルベース750＋900／1,300mm、ボギーセンター間6,200mm、機関いすゞDA110。散砂装置も備え、予算上の経費は資材250万円、人工50万円、計300万円とある。

　形態・塗装は「金太郎腹掛け」の湘南スタイル、ノーシル・ノーヘッダーだが妻面に縦雨樋がある。扉はこの時点まだ木製だが、固定窓はHゴムによる鋼体直接取り付けと流行を追った。台車は一見軽量の鋳鋼製のようだが、いくら器用でも鋳鋼台車まで作れたと思えないから、板金と棒鋼の組み合わせであろう。動台車内側には頼りなさそうなヨーク、横梁がある。

　続いて機関外形寸法は同じだがストロークが10mm伸び、出力が12％ほど強力なDA120を装着したキハD15が1960年1月12日認可。追いかけて同年5月10日キハD16を申請し、11月14日認可。

　この3輌は形式D14と称していたから同型扱いのように見えるが、その実16はDA110に戻り、台車ホイルベースは15以降動台車が750＋950mm偏心、付随台車は1,400mm。さらに16以降は扉下端が踏込みまで伸び、その分戸袋部分も深い裾下がりになって、14、15とは外観を異にする。予算額はトルコン付きのキハD15が資材275万円＋人工80万円、キハD16は165万円＋80万円で、製作に習熟してより安価にできるようになったの

静岡鉄道駿遠線キハD17十ハ104。ラッシュ時を外れた新横須賀以東は乗客が激減する。
1966.4.14　新横須賀―河原町　P：湯口　徹

静岡鉄道駿遠線キハD18。縦雨樋が消えスマートになった。妻の空気取入口も拡大。　　　　　　1966.7.23　新藤枝　P：湯口 徹

か。扉は15以降鋼板製である。

　さらに老朽かつ片ボギーのキハC1～3、12（1960年11月2日廃車届）の代替としてキハD17～20の設計を1961年2月6日申請し、7月13日認可。設計書では機関が再度DA120に、最大長が200mm伸び、製造予算は1輛200万円＋80万円とある。外見上は妻面の縦雨樋が消えすっきりし、空気取入口が拡大された。1963年度での乗客は730万人[*2]を超えていた。

　公式の完成は17、18が1961年10月、19、20が12月で、静岡鉄道鉄道部車輛課「駿遠線動力車性能一覧表」での機関は16、17がDA110、18～20がDA120となっている。ただし機関車での例からも積替えが（随時？）なされた可能性があり、従前各リポートで装着機関がまちまちなのはそれが理由かと思われる。なおキハD15はのちトルコンを外し機械式にしたとされ、これも他例のない改造である。

　1964／67／70年の3回に分けた全線廃止後、保存や再起した車輛は1輛もない。キハ19、20は僅か9年余の寿命に終わったが、やはり自家製のDD501（5年）よりはましであった。

＊1 安濃鉄道が1943年5月11日設計変更認可で6号木製客車改造名目、現実には2軸木炭代燃動車ジ3新製を目指したが、企業整備・強制休止で水泡に帰した例がある。
＊2 同年度江若鉄道が約365万人、南薩鉄道307万人、島原鉄道400万人と比較されたい。

15-1.　遠州鉄道奥山線 キハ1801、1802 ＝ナニワ工機株式会社

　戦時中珍しく陸運統合に遭遇しなかった浜松鉄道だが、空襲による甚大な被害があって非電化鉄道では珍しい壊滅状態となり、敗戦後の1947年5月1日遠州電気鉄道に合併、遠州鉄道奥山線と改称した。1950年4月26日東田町－曳馬野間8.3kmが600V電化され、かつてのキハ1～5のうち4輛の車体をモハ1～4（のちモハ1001～1004）に再生。電化に漏れた曳馬野以遠には新製ディーゼルカーを投入した。

　設計認可は1951年7月23日、竣功届7月30日（竣功期日29日）だが、もっと早いのであろう。自重10トン、定員56（内座席22）人。機関はいすゞDA45で、台車は菱枠ではなく電車用に酷似しているのは、将来電化区間伸延＝電車への改造を見込んでいたためと思われるが、1,555mmという半端なホイルベースは珍しい。代価は1輛340万円、借入金による支払いであった。

　奥山線のディーゼルカーは後述増備車輛ともすべて、機関が戦前に比しはるかに強化された戦後としては極めて珍しいチェーン2軸連動を採用していた。都田口－祝田間の息の長い22.7‰勾配と、客車牽引に備えたと思われる。これは戦後の国産チェーンが常用に耐えるほど丈夫になった[*1]ことでもある。

遠州鉄道奥山線キハ1801。

1958.8.3　元城　P：湯口　徹

　形態はおおむね戦前の日車製キハ1〜5に準じている
が、車体は400mm長い9,200mm、ボギー中心間は
100mm長く5,500mm。運転室が全幅かつ運転席中央・
妻面3枚窓は改造電車にそろえたのであろう。乗務員扉
は両側（電動車は片側）。

　ナニワ工機（のちアルナ工機）として最初で最後の
ディーゼルカーだが、その後東急車輌の下請けで札幌
市交通局路面ディーゼルカーを何輌か手がけたことが
ある由[2]だし、阪急の保線用ディーゼル車輌製作もして
いるから、全くの無縁というわけではない。

　奥山線は敗戦後近代化投資を行った軽便では珍しく、
至極あっさりと1963年5月1日気賀口ー奥山間、1964年
11月1日遠鉄浜松ー気賀口間の2回に分け廃止。キハ
1803、1804だけが尾小屋鉄道、花巻電鉄に売れたが、モ
ハ1001〜1004、キハ1801、1802は引き取り手がなかっ
た。電車は戦災復旧車同然だから納得するが、ナニワ
新製の気動車2輌が客車としても再起しなかったのは、
恐らく1951年という時期、まだまだ敗戦後の混乱を引
きずった粗製車輌だったのであろう。

*1 戦前の国産チェーンは材
　質・技術とも低劣で、伸び
　てスプロケットとの噛合わ
　せ狂いでの起動不能や切断
　事故がつきまとい、気動車
　でのチェーン2軸連動は最
　終全部撤去された。内燃機
　関車には輸入品を使った例
　が多い。敗戦後気動車に連
　動チェーンを装着した例
　は、他に仙台鉄道キハ3、
　鞆鉄道キハ3しかない。
*2 同社勤務経験のある森康伊
　（森製作所社長）による。

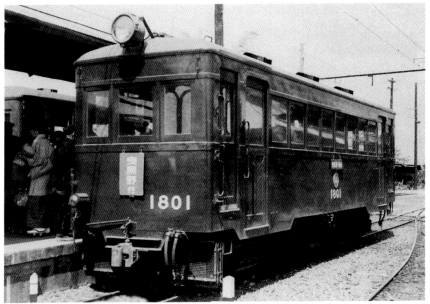

遠州鉄道奥山線キハ1801。上写
真の反対側。

1959.4.6　元城　P：湯口　徹

遠州鉄道奥山線キハ1802。四村駅に到着する。プラットホームは電化後新動車
導入により、かさ上げされている。小荷物も多い。　　1959.12.25　P：湯口　徹

遠州鉄道奥山線キハ1803。

1964.2.23　元城　P：高井薫平

15-2.　遠州鉄道奥山線
キハ1803　　＝汽車製造株式会社東京支店

　汽車会社東京支店が製造した私鉄向け内燃動車はさして多くないが、その中でも軽便用は戦前戦後を通じ2形式3輌のみ、しかも汽車として最初（成田鉄道八街線

ガ201、202）と最後のみが軽便用であった。その後者がキハ1803で、ナニワ工機製キハ1801、1802に次いでの増備車。中央運転席のため妻面の中央窓幅が広いのが特色で、屋根も幕板も浅く、ノーシル・ノーヘッダーと中々「かっこいい」車輌である。

　設計認可は1954年6月2日、いすゞDA45装着、定員

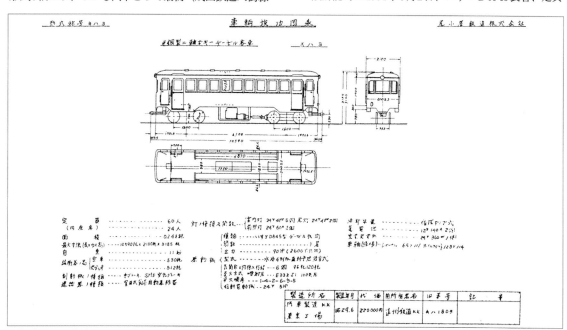

尾小屋鉄道キハ3竣功図。この時点で機関はオリジナルのいすゞDA45のままだが、のちニッサンUD3に換装された。

尾小屋鉄道キハ3。遠州時代の切り抜き数字1803がそのまま残り、3以外を塗りつぶしている。　　　　　　1969.7.4　花坂　P：湯口　徹

60（内座席24）人、自重11トン、購入価格580万円と竣功図に記入され、製造年月も設計認可に整合させ角の立たない1954年6月としている。

　変速機は①6.15、②3.65、③1.79、④1.00、しかも逆転機（空気操作）が6.00と大きいのは他例がなく、勾配・客車牽引対策であろう。ＫＳＫ技報36号（1954年10月）掲載の「遠州鉄道株式会社納　ディーゼル動車」によれば、「車体は実用本位の軽量設計」、「側構骨組と外板とは例の少ないシリーススポット溶接」、「台車は軌間762mmで最高速度65km/ｈの条件に適合するごとく設計した当社独特の軽量溶接構造でゴムダンパ使用により構造簡単取扱至便の上、防振効果顕著」などと能書きが列挙されている。ただ「各計器は計器盤に収め水温計および電流計を両運転台にて同時に誤差なく読み得るようにしたことは他に例がない」というのはよく分からない。

　1959年6月27日設計変更認可を得ているが、内容は不明。1964年11月1日の廃止により、尾小屋鉄道キハ3に転じ、妻面の切り抜き・貼付番号の3を残し180を塗りつぶしていたのが周知である。当初はオリジナルのＤＡ45のままだったが、ニッサンＵＤ3という背高の2サイクル3気筒直噴式機関に換装し、機関部分の床面がこれでもかとばかり持ち上げられていた。ここでは本家より長く働き、現在でも動態保存されている。

15-3.　遠州鉄道奥山線
キハ1804　　＝日本車輌株式会社

　この線最後の増備新製車として1956年8月24日設計認可、従って竣功図記入製造年月も1956年8月と無難な日付である。定員60人はキハ1803と同じだが、座席が28人と多く、運転席は前3輌の全幅と異なり半幅だが、その反対側＝妻に面した座席はない。

　車体は妻窓2個＝井笠ホジ1〜、101〜から側窓1個減らしたもので、窓幅850mm、扉幅800mmも同じだが、動台車は奥山線特有のチェーン2軸連動で偏心はしていない。機関は日野ＤＳ40、変速機歯車比は①5.407、②3.083、③1.722、④1.000、逆転機は4.753。客車2輌を牽引していた。価格は607万円と高くなっている。

　なおこの奥山線は電化に伴い連結器を従前のピンリンク式から3/4と称される小型の柴田式自連（住友ＫＣ41）に交換しており、これは他に松阪線を除く三重交通も用いていた。

　先に記した通り1963年5月1日、1964年11月1日に廃止されたため、このキハ1804の活躍期間はたった8年余りと、静岡鉄道駿遠線キハ19、20よりまだ短かったが、幸い花巻電鉄が購入しキハ801に。鉛線での路面乗降のためステップを2段に改造、当時としては珍しいコカコーラ広告を車体に直接描いていたのが知られている。

遠州鉄道奥山線キハ1804。　　　　1959.12.8　奥山　P：山本定佑

しかし予備車輛のまま庫内でくすぶり続け、走ったという話をついぞ聞かないまま、軌道線廃止（1969年9月1日）で他の車輛と共に解体された。キハ1803とは大きく乖離した運命であったことになる。

武田　彰「遠州鉄道奥山線」鉄道ピクトリアル170号
宮松金次郎／丈夫「遠州鉄道奥山線」鉄道ファン27号
飯島　巌『追憶の遠州鉄道奥山線』RM LIBRARY 10

花巻電鉄キハ801。路面乗降のため踏板も改造したが、使ったことはあるのか。　　　　1968.4.30　花巻　P：吉川文夫

おくやま

遠州鉄道奥山線キハ1804。
1959.12.8　奥山　P：山本定佑

戦後生まれの私鉄機械式気動車、思い出すままに…

■本書（上・下）で扱っているのは、戦後地方鉄道に新たに出現した機械式56輌の内燃動車だが、このうち7輌（根室拓殖鉄道2、豊羽鉱山1、西大寺鉄道2、山鹿温泉鉄道2）が単端式車。さらにそのうち2輌は戦前を引きずったウォーム、3輌はチェーン駆動である。本稿対象外の北海道簡易軌道にも、やはり戦後単端式車が3＋α輌出現している。

　単端式車やいくら何でも時代錯誤の駆動法はいずれも町工場的零細メーカー、あるいは自家製だからだが、山鹿温泉鉄道キハ101だけは、何と国鉄西鹿児島工場で改造した車輌だから面白い。このような戦後混乱期を引きずった車輌の出現が途絶えてやっと、我国非電化私鉄も戦後が本当に終わったといえるのではないか。

■それは来年でちょうど半世紀前となる昔のこと。8月も終わろうという日に根室拓殖鉄道を訪ねた。バス停と違い、未知の土地での鉄・軌道の駅は明白確実な道標になるのが普通である。ところが根室拓殖鉄道に限ってはそうでなかった。誰に尋ねても国鉄根室駅を教えてくれるばかり。さてはと覚り、「根室拓殖鉄道の根室駅」と聞くのを「歯舞に行く軌道の乗り場」と改めてやっと、やや核心に近い返事が得られだした。根室の住民が歯舞に行く必要などまずなく、大方は「そんな軌道があのあたりから出ている」程度しか知らないことが分かるまでに、およそ半時間を空費していた。もっともあせりまくり、大汗かいて目的地にたどり着いても、目的の列車？も同じほど遅れてやってきた。

■「かもめ」と名づけられた珍奇な機械式ガソリンカーは、それでも戦後生まれ。今思えばまだ"十年落ち"にもならない新鋭だったことになる。

■関東非電化私鉄の雄・常総筑波鉄道常総線水海道初訪問は1955年3月だから、やはり半世紀を越えた。小生が江若鉄道によく顔を出すことを知った支社長氏の、「おかげさんで当線（当社とはいわなかった）も、江若さんより動車が多くなった」との一言が忘れられない。米軍の虎の威＝それはそれでバイタリティの表れだが＝で他鉄道に2年以上先駆け、涼しい顔で100％ディーゼル化を成し遂げた江若鉄道に対する、強烈なライバル意識＝負けじ魂が、常総線（あえて「常総筑波鉄道」とはしない）を支え続けたことを痛感した。

　水海道の敷地は広いが、そこに展開している動車群は江若に比べれば、1955年3月では大方の車輌が小さく、古く見えた。その中でデビュー間もないキハ42002が、まぶしいくらい輝いていたのを昨日のように思い出す。元々乏しい路銀が尽きかけ、空腹をこらえていた折から、出前のカレーライスを支社長席でご馳走になった「一飯」の恩義も含めて。

■車庫や機関区に「こんにちは」と入っていき、事務所＝車輌課で竣功図や車輌台帳を見せてもらい、話を聞くのは楽しい。さらに直接車輌を触っている技工氏からは、時として思いがけない話が聞けることがある。ただ現場の人は概して職人気質で、当方から具体的に水を向け続けない限り話が途切れてしまう。当方に相応の知識がないため、折角の話なのに、それ以上引き出せなかったのが、今頃になってだが残念で仕方ない。

尾小屋鉄道キハ3。
1969.7.4　花坂―遊園地前
P：湯口　徹

一挙に6輛が導入された国鉄キハ42000タイプの鹿児島交通キハ101。オールクロスシートの車内には年配者か女性・子供ばかりが目立つ。
1970.9.12　P：湯口　徹

はじめに

わが国の内燃動車には結果的にせよ外国からの輸入車がなく、まねをする対象がなかったから、駆動方式や逆転機保持には各メーカーがそれぞれ独自の工夫をこらして試行錯誤し、最終的には日車本店が開発した方式に統一された。戦後の新顔車輌では、ごく一部の零細メーカーや手作り車輌を除き、ことごとく日車方式を踏襲している。

これは日車の逆転機保持に関する実用新案特許保護期間が終了しオープンになったからだが、恐らくは各メーカー設計者も（恐らくは日車ですら）その経緯を知らないまま、当然の、あるいは周知の技法として採用し続けたのであろう。

それにしても、何十年にもわたってそれ以上の方式が開発もされなかったのはなぜだろう。ギヤによる2軸駆動にしても、トルコン内に逆転機が組み込まれて実現し、その最初は留萌鉄道キハ1001（日立＝1955年）であり、札幌市の軌道ディーゼルカー（東急車輌）や国鉄キハ60などが続いたものの、実務家もファンも、およそ関心を示していない。我国の内燃動車技術は、ひたすらぶら下がってきたDMH17を含め、何と保守的・閉鎖的であり続けたことか。

ところで、2軸車2輌をつなぎボギー車1輌にする改造は、客車では戦前の近江鉄道、戦後では伊豫鉄道非電化線で大量に行われ、栃尾鉄道（ホハ10）、下津井電鉄（クハ9）にも例があり、2軸車を切断して伸ばしボギー車にしたケースも結構ある。しかしボギー車を分割し2軸車2輌にしたのは西大寺鉄道だけであろう。珍無類の改造だが、車輌も資材も不足していた時期、

地方小私鉄のバイタリティがひしひしと感じられる。

　しかもこの2輌（キハ8、10）は、我国としてウォームギヤ駆動で誕生した最後の気動車でもあるが、鉄道車輌最後ではない。名古屋市交通局800形（NSL車＝1956年製）が、135馬力両軸モーターから両台車外側軸ウォーム駆動（8対1）だったからである。最新式工作機械による高性能歯車で、およそ似て非なるものではあっても、ウォームギヤには違いない。

　山鹿温泉鉄道キハ101、102が我国気動車中の珍車であることは間違いない。しかし世界的レベルともなると、これしき（？）の車輌では珍車ランキング入りなどおよそ無理である。むしろ上巻で扱った豊羽鉱山ならまだ審査を受ける資格があろうか…。

　自動車＝既存のトラックやバスをレールに乗せるのは、標準軌間ならいとも簡単で、世界中にいやというほど実例があるのに対し、サブロクでの車軸内側板バネ保持＝最小限度の改造＝では、余程シャシー（縦梁）間隔が狭い車輌を種車に選ばない限り不可能。例えば3フーターのギャロッピング・グースや762mmの鶴居村営軌道、インドの609mmやメーターゲージのミャンマーでの例のように、ボギーにせねばならないからである。

　さて、下巻では加越能鉄道以下10社と番外編として4つの事例を取り上げて、戦後生まれの私鉄機械式気動車を概観してみたい。

南薩鉄道キハ103。
1958.3.19　加世田－阿多　P：湯口　徹

加越能鉄道キハ15001。パンタグラフをのせれば即電車に見える。　　　　　　　　　　1954.5.3　石動　P：山本定佑

16.　加越能鉄道キハ15001
＝輸送機工業株式会社

　加越鉄道を戦時中陸運統合した富山地方鉄道は、1946年加越線の電化（工事方法変更）を工費453万6,380円（借入金支弁）として申請。当局は「重要資材逼迫の折柄不急の計画」とみなし、1947年6月却下した。

　その後富山地方鉄道は富山ー金沢間高速電気鉄道建設を目指し、1950年10月23日加賀、越中、能登の三国から1字ずつとった加越能鉄道を設立し、加越線を分離＝譲渡。さらには1951年4月17日加越線電化工事が認可され、同年12月15日庄川町ー小牧間4.70km、1954年5月10日富山ー金沢間63.74kmが、いずれも動力電気で加越能鉄道に免許。1959年4月1日には富山ー高岡間軌道線の一部も加越能鉄道に譲渡されている。

　これらの経緯から、1953年登場したディーゼルカーが、形態とも将来電車に改造できる設計であったのは当然なのであろう。窓幅1,000mm、扉は1,100mmと広く、運転席、両側の乗務員扉など、形式図だけで見ればまさにパンタのない電車である。踏込み下部が車体裾とあまり変わらず、戸袋共裾下がりは極めて浅い。

　設計申請は1953年9月4日、同認可および特別設計許可は著しく早い10月15日。特別設計の内容は「降雪期の運行容易ならしむるため軌条面上と機関積載台枠下面との距離を二〇〇粍とした結果車輌屋根は図示の通り車輌限界を約五〇粍超過」したためと設計書にある。最大寸法18,324×2,744×3,767mm、自重28.8トン、定員130（内座席52）人、機関は振興DMH17、変速機および逆転機ギヤ比はキハ42000と同じ。

　この車輌の最大の特徴は台車が常識的な菱枠でなく

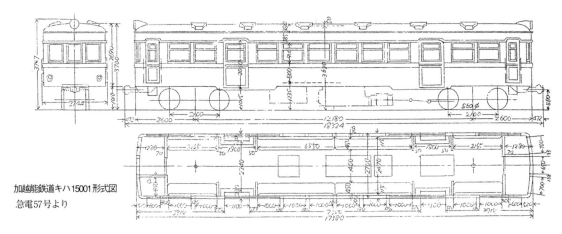

加越能鉄道キハ15001形式図
　急電57号より

加越能鉄道キハ15001。 　　　　　　　　　　　　　　1955.3.24　石動　P：湯口　徹

何と住友ＦＳ13で、すぐにでも電車にできるといわんばかりである。素人でも分るが、電車よりはるかに出力の貧しい気動車として余計な重量を抱き続けることにもなり、他にも欠陥が少なくなかった由で、この車輌の寿命は私鉄、それも1067mm軌間としてはすこぶる短かった。

いわゆる「電車型客車」＝将来電化・電車化を見込んで設計・製造された車輌は筑波、小湊、佐久鉄道等に存在したが、予定通り電車になった例は東武、河東鉄道、それに筑波の一部が阪和電気鉄道で制御車になったぐらい。あまり先を見越した車輌は、大方がその計画を実現できていないのが皮肉である。

富山金沢間電気鉄道はかなりの土地取得はしたものの、北陸本線電化によって夢に終わる。キハ15001は1972年9月16日の加越線廃止までも保たず、1969年廃車されているから車令僅か16年と、欠陥車輌だったこと

が歴然である。

末年には妻面3枚の窓をHゴムによる鋼体直接取付けに改造していたため大分感じが変わった。なおキハ15001とは、日車本店戦前製キハ11052、11053（←キハ12、13）と共に、国鉄形式踏襲ではない私鉄内燃動車では珍しい5桁のインフレ番号だが、頭3桁は出力（150馬力）＝富山地方鉄道電車独特の流儀である。

このメーカーは宇都宮車輌（のち富士重工業に統合）などと共に、戦時中隼や九七式艦載戦闘機などで有名な中島飛行機株式会社が、戦後ＧＨＱにより分割されたひとつで、宇宙航空機部門等も手掛けた。愛知富士産業と称した時代は電車、客車や貨車を、また遠州鉄道奥山線の戦災ガソリンカーを電車に再生改造等もしたが、2005年3月末でトレーラー、建材、自動車・鉄道部品等の部門から撤退した。

礼加充吾「加越能鉄道を行く」
鉄道模型趣味84号
小倉文夫「加越能鉄道」鉄道
ピクトリアル145号
湯口　徹『私鉄紀行／点と線
（下）』

加越能鉄道キハ15001のFS13台車。
1954.5.3　石動　P：山本定佑

同和鉱業片上鉄道キハ3004。社名は1957年8月1日藤田興業から改称。

1958.7.24　和気　P：湯口　徹

17.　藤田興業片上鉄道
キハ3004、3005　＝宇都宮車輌株式会社

これはキハ41000の「宇都宮バージョン」車である。すなわち張上げ屋根で水切りが扉の上＝ウインドヘッダーの下端にあり、運転席部分に乗務員扉があり、客扉がプレスドア、妻面2枚窓、扉・戸袋部分の裾下がりがそのまま妻面まで連なっているため、やや馬面に見える。ヘッドライト後尾は流線型様である。

台車はTR26で車軸は10トン軸、機関もGMF13だがこの時期新品があろうはずはなく中古品で、戦後1067mm軌間唯一の「新製ガソリンカー」であった。ギ

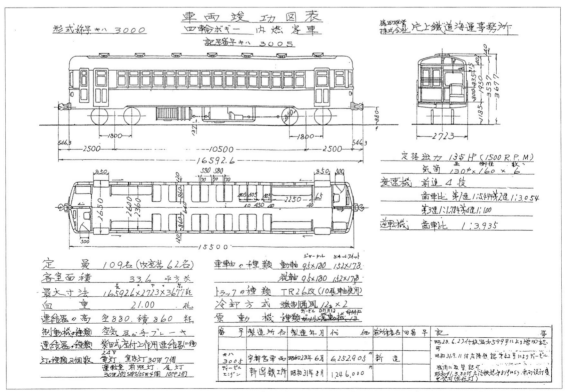

藤田興業片上鉄道キハ3005竣功図。機関をGMF13からDMF13に、変速機も換装している。前照灯もオデコから窓下2個になった姿。

ヤ比は変速機が①5.20、②3.684、③2.00、④1.00、逆転機は前記羽後鉄道と同じ3.935（キハ41000は3.489）。

妻面2枚窓なのに、認可はキハ3001、3002（←国鉄キハ41057、41096）の増加（同一設計）として処理され、1953年6月23日。このため製造年月も無難に1953年6月とされているが、現実はもっと早いと見られる。竣功図記入の価格は1輛625万2,905円。

1956年9月11日認可でDMF13に換装しディーゼルカーになり、同時に変速機も国鉄制式のものに交換したようだ。換装後の竣功図に新潟鐵工所124万6,000円とあるのが機関代金および換装経費であろう。1964年9月28日キハ3004のみ座席をロングシート化し、定員109（内座席62）人から136（同58）人に増加を届出。1966年3月30日設計変更認可でヘッドライトを額から腰部2灯（シールドビーム）に改造したため、おでこの「つるりん」ぶりが余計目立つことになった。なお妻面1段の運転席窓も上昇し、風が入れられる。

1967年4月19日従前の形式キハ3000、番号3004、3005から形式キハ300、番号311、312に変更を届出。1967年6月24日設計変更認可で逆転機歯車比を3.489に変更＝キハ04〜06の発生品に交換。同年10月20日設計変更認可でキハ312にトルコン（DB100）を装着し総括制御・扉半自動化。さらに続いて1969年3月29日暖房設備

同和鉱業片上鉄道キハ3004。前照灯を改造後。左頁写真の反対側を示す。

1966.7.9　片上　P：湯口　徹

変更？を届出、1969年6月12日キハ311を312と同一設計で総括制御・扉改造届出と、改造が度重なっている。これにより連結面のジャンパーが物々しくなり、側面に開扉知らせ灯がつき、気動車3重連運行も実施された。

鉱石輸送量激減の傍ら国鉄キハ07購入および小坂鉄道からの大型車転入があり、ロングシートのキハ311は鉄道廃止（1991年6月30日）より一足早く廃車。国道484号菊ヶ峠山中のドライブインに姿を留めていたが、その後の消息は不明。キハ312は柵原ふれあい鉱山公園で動態保存されている。

鉄道友の会東中国支部『かもめ13号—片上鉄道特集』
藤井信夫「同和鉱業・片上鉄道」鉄道ピクトリアル271号
湯口　徹『私鉄紀行／瀬戸の駅から（上）』

同和鉱業片上鉄道キハ3004。

1964.2.29　和気　P：今井啓輔

18. 西大寺鉄道キハ8／10

この鉄道が初めて導入したボギー・50人乗り大型ガソリンカー、キハ100（設計認可1934年10月13日）は、機関を台車に搭載[*1]した珍構造の動車、かつ改良方策のない欠陥車であった。早くから多客時のみの客車代用におちぶれ、戦時中は当局には無手続き[*2]でハボ23となっていたようである。1951年5月22日キハ100として「損壊甚々しく之が使用に堪えませんから」と廃車。

その4か月前の同年1月20日車輌設計を申請。これは「車種　単車」の「瓦斯倫自動客車弐輌」で、設計変更だと改造前後の図の提出が必要だから新たな設計とし、定員20（内座席12）人、自重5トン、最大寸法5,185×2,130×3,196mm。背後に浅い荷物台（485×1,630×840mm）があり、機関はいすゞTX40で、鉄道車輌装着例は唯一である。当時のこととて燃料は薪瓦斯とあるが、認可取得上（名目）だけで現実には代燃炉は設置せず100％ガソリン走行[*3]だったと思われる。駆動は後軸ウォーム。

変速機もいすゞ純正品であろうが、設計書記載は通常の歯車比でなく、機関毎分1,500回転時の車軸回転数で示した他例のないもので、①39、②76、③134、④240、後進31回転とあり、④速（直結）時からファイナルドライブのウォームギヤ比は6.25対1となる。単端式だから逆転機はなく最大速度は30km／時。設計認可および特別設計認可は1951年6月11日、キハ8、10としての竣功届は認可日に整合させた7月30日であった。

台枠図には「キハ100改造」および（昭和）23.11.23の日付が入っており、この改造工事は相当早くから計

西大寺鉄道キハ100。　　　　　　　　長利　P：牧野俊介

画・着手され、当局への設計申請は現車完成直前か直後、キハ100廃車届は認可までに出したのであろう。正面2枚窓の「湘南型[*4]」出現は1950年度以降だから、動車としての完工は1950年末あるいは1951年早々で、工事中に当初の設計を変更し正面2枚窓・流線型化したかと思われる。すなわち日本中に影響を及ぼした「湘南型」模倣あるいは追随の「はしり」とされる東武鉄道5700系（通称「猫ひげ」＝製造1951年9月）よりも早く、日本最初！の可能性が強かろう。

しかもこの2輌は手続き上同型＝定員、足回り等実質的になら同型車といえないこともなかろう＝だが、現実にキハ8と10とは形態が全く異なっていた。種車キハ100の窓配置が1D7D1で、それを2輌に切断し2軸単端式車2輌をでっち上げる際、扉間の窓4個と3個との箇所で切断。キハ8は切断面を背後とし、（高さは別にして）従前のキハ1〜5というか、やはり前面を2枚窓流線型改造したキハ1、2[*5]に近い姿である。

キハ10は逆に切断面に側窓1個分に相当する流線型の

西大寺鉄道キハ100形式図。

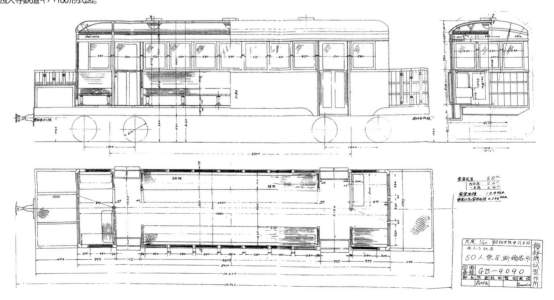

両備バス西大寺鉄道キハ8。次位のキハ3〜5（のどれか）との高さの差が激しい。　　　　　　　　　1959.2.21　長利　　P：湯口　徹

妻面を付加し、従前の妻面を背面としたため、客扉が後部に近い珍妙な姿となった。扉が運転席と離れて通票交換等に不便のため、左サイドのみ運転手扉が設けられている。

　屋根も額部分は鋼板をたたき出して、全体的にキハ100の「こんもり」した感じを引き継いでいて、総組立図記入の2,500Rより深いのではないか。図面＝キハ8

での全高は前述のように3,196mmで、朝のラッシュ時や天下の奇祭で名高い西大寺の観音院会陽（えよう）大増発時に、キハ1〜5（屋根高2,862mm）と重連すると差異が目立ち、そのため必ず先頭に立っていた。

　設計申請図面等はすべてキハ8のもので、竣功図もそれに従い記号番号キハ8、10と記入された1枚のみだから無理もないのだが、従前のレポートでは2輌同型と誤

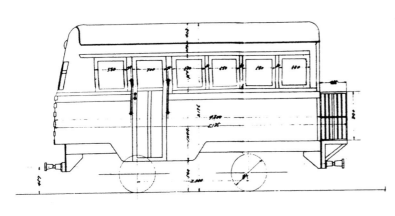

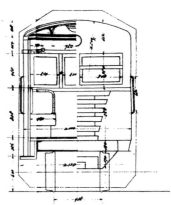

西大寺鉄道キハ8形式図。

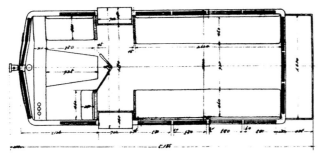

両備バス西大寺鉄道キハ8。

1962.2.18　西大寺市　P：中谷一志

両備バス西大寺鉄道キハ10。前頭額部がひときわあざやか？である。

1958.7.23　西大寺市　P：湯口　徹

両備バス西大寺鉄道キハ8後姿。
1962.2.18　西大寺市
P：中谷一志

両備バス西大寺鉄道キハ10後姿。
1958.7.23　西大寺市
P：湯口　徹

認されることが多かった。かなり稀なケースではあっても、竣功図鵜呑み、あるいは現車確認怠りがいかに恐ろしいかの適例である。1962年9月8日廃止により解体された。

　車輌台帳では製造年月が「公式的」にキハ8が1951年6月、キハ10が7月となっている以外、製造所は西大寺鉄道株式会社、数値等も2輌とも全く同じ[6]で、「車歴ノ概要」欄も共に「キハ100号（廃車）ヨリ二分シテ新製ス」と記されていた。なお社名は1955年10月1日以降合併により両備バスとなっていた。

＊1 機械部分の組立図が得られず駆動等の詳細は不明だが、それ以外の方式は考えられない。
＊2 車籍上動車のままとし、燃料や油脂類の配給対象とするため。
＊3 戦後の単端式車はニッサン180（根室拓殖）、フォードV8（九十九里）、いすゞDG32（頸城、井笠、鞆）、GMC270（山鹿温泉）とほぼ全部ガソリン機関で、ディーゼル車は北海道のみ―前記豊羽鉱山、それに本稿で扱っていない簡易軌道2輌である。
＊4 戦前の私鉄内燃動車での妻面2枚窓車は多いが、西大寺の場合明らかに国鉄クハ86第二次型の模倣である。
＊5 キハ8、10出現とキハ1、2前面改造のどちらが早かったのかは不明。
＊6 キハ10は図面が得られないため、キハ8と全長が現実に同じかどうかは分からない。

谷口良忠「西大寺鉄道」鉄道ファン16号
湯口　徹『私鉄紀行／瀬戸の駅から（上）』

両備バス西大寺鉄道キハ10車内。
1962.2.18　西大寺市　P：中谷一志

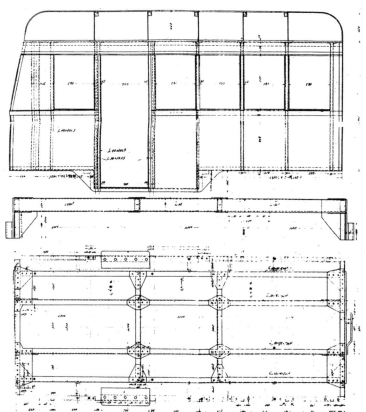
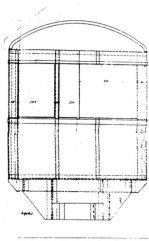

西大寺鉄道キハ8構造図。
屋根の垂木は楢（なら）材である。

両備バス西大寺鉄道キハ8運転室。

両備バス西大寺鉄道キハ8運転装置。

両備バス西大寺鉄道キハ8車内。

両備バス西大寺鉄道キハ10車内。

1962.2.18　西大寺市　P：中谷一志（4点共）

井笠鉄道ホジ1。

1958.7.23　笠岡　P：湯口　徹

19.　井笠鉄道ホジ1～3
／ホジ101、102
＝日本車輌株式会社、富士重工業株式会社

　井笠鉄道は戦時中客車化していた3輌の梅鉢鐵工場製ボギー車ホジ7～9を、代燃を経てディーゼルカー（いすゞDA45）に改造。他鉄道同様敗戦直後バスからの転化などによる、著しい乗客増加が一応収まった1955年動車新製に踏み切った。

　設計申請1955年8月20日、認可10月15日で、竣功届はそれに整合させた11月1日。日車本店2輌（ホジ1、2）、富士重工業1輌（ホジ3）が同時に発注され、当初は従前の車輌に続けてホジ17～19を予定していたが、ホジ1～3と一桁番号で登場し、戦後では羽後、鹿本鉄道と共に稀少例である。新製の、しかも大型や優秀な車輌には、大きな番号を付したがるのが一般的傾向だからで

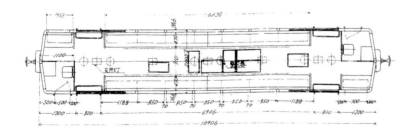

井笠鉄道ホジ1、2形式図。

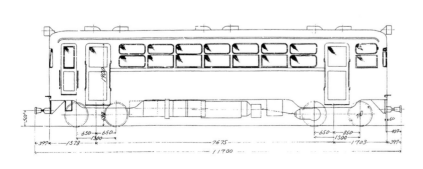

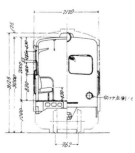

ある。

妻面は流行の湘南スタイル2枚窓で、運転手窓のみは若干勾配を付し上部を引っ込めているが、別段通風確保のためではないのがやや奇妙である。車体は時節柄全金属製、固定窓はHゴムによる鋼体直接取付け。定員70（内座席38）人、自重12.3トン、機関は日野DS22、台車はプレス構造。

動台車は650＋850mmの偏心台車（付随台車は1,300mm）である。心皿位置は両端から同寸とするのが普通だが、このホジ1〜3は動台車側1,703mm、付随台車側1,528mmとなっているのが極めて珍しい。偏心に加え、動軸重増加が目的かと思われる。変速比は①5.983、②3.208、③1.736、④1.000、逆転機比は4.466、竣功図記入の代価は（1輌）549万円。

「17／井笠」との工号記入[1]がある日車図と竣功図を比較すると、床高が日車図1,000mm、竣功図988mmと12mmの、屋根高、最大高も同じ差がある。後者は実測値？かも知れないが、現実に大差ないとしても珍しい事例ではあろう。

なおこの形態・寸法に決まる前の設計図面が日車に存在している。定員は変わらないが妻面がフラットで、扉間窓下にリブが2本走っており、機関がシリンダ横置のDS、形式は不明だがかなり背高で、その部分のみ床が持ち上げられているもの、の2種がある。この図面日付が1955年5月30日／6月5日、採用図が6月27日だから、ほぼ同時期に提示・決定されたことが分かる。

この新鋭ディーゼルカー登場で貨車牽引が可能になり、井笠鉄道はディーゼル機関車を導入することなく、長年保管し続けていた多数の蒸機を全廃できた。ただ

井笠鉄道ホジ3。　　　　　1969.10.30 笠岡　P：湯口 徹

しその後も長らく残存はしていたが。

6年後日車で増備の2輌は、機関が日野DA40[2]に強化されたとされ、その引き写しが続いたままだが、DA40のメーカーはいすゞで、現実の装着機関は日野DS40である。DS22に比し、シリンダ口径／衝程共5mm大きい。外見は妻面運転手窓の「上部引っ込み」が廃され、妻面に運転士用風入れ口がついた以外大差ないが、番号がホジ101、102と、前回の反動か今度は一挙に大きく、井笠最初で最後の三桁になった。

単行あるいは重連で客車、貨車を牽引したが、単行で最大客車3輌牽引、朝のラッシュ時には両端に配したディーゼルカーの間に4輌の客車をはさんだ6輌編成列車があり、最終段階での現役動力車は戦後新製の5輌（うち1輌予備）のみであった。記号のホジとは、この鉄道独特＝戦前からのものでボギーの自動客車を表す。

1967年4月1日井原ー神辺、北川ー矢掛、1971年4月1

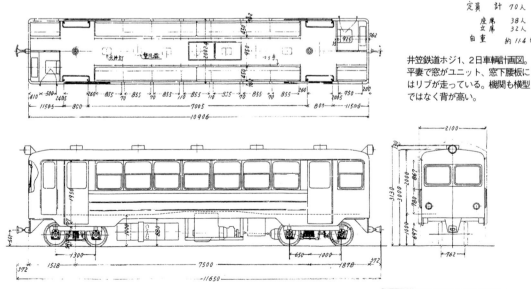

定員　計　70人
　　　座席　38人
　　　立席　32人
自重　約11.4t

井笠鉄道ホジ1、2日車輌計画図。平妻で窓がユニット、窓下腰板にはリブが走っている。機関も横型ではなく背が高い。

日本車輌製造株式會社　昭和30年6月5日

井笠鉄道ホジ。

1959.3.10　吉田村－新山　P：湯口　徹

日笠岡－井原と2回に分け廃止。転進はホジ3のみで、下津井電鉄の撤去作業用に売却されたものの、息の長い25‰勾配に耐えられず何程の役にも立たなかったが、何が幸い？になるか、未だに姿をとどめている。ホジ101は経ヶ丸グリンパークに保存された由だが、現況は知らない。ホジ1、2は廃止後保管されていたが、ホジ8や多数の客車共放火で焼失している。

＊1「16／井笠」は1936年製ホジ12で、日車としてそれ以来の納品であることを示す。
＊2 DA40（いすゞ）の製造初年は1939年で、敗戦後DA42、43、1950年にDA45にと改良が続いた。ホジ101、102が出現した1961年ではDA120、220、640等に発展しており、この時点新車にDA40が装着されることはない。

吉川文夫／岡藤良夫「消えゆく井笠鉄道の車輌」鉄道ファン110号
湯口　徹『私鉄紀行／瀬戸の駅から（下）』
いのうえこーいち『追憶の軽便鉄道　井笠鉄道』

井笠鉄道ホジ102。

1969.10.30　笠岡　P：湯口　徹

井笠鉄道ホジ101の牽く混合列車。
1964.6.11 鬮場 P：湯口 徹

鹿本鉄道キハ1。左側（動台車側）に代燃炉がある筈だった。

新潟鐵工所写真　所蔵：大野真一

20-1.　鹿本鉄道キハ1、2
＝株式会社新潟鐵工所

　設計申請1950年7月29日、認可は1951年3月7日、竣功届10月17日である。先の津軽鉄道同様1950年6月30日の日付が入った「100人乗半鋼製二軸ボギーヂーゼル動車設計書　新潟鐵工所車輛工場」は2輛、自重約20トン、定員100（内座席52）人で機関はＤＡ55Ａ、燃料タンク200立。「代燃　木炭ガスに依る吹入着火方式」、変速機、逆転機歯車比も津軽鉄道と同じである。

　この車輛は津軽鉄道キハ2402、2403と同図であった。座席定員が2人多いのは中央部3組がクロスシートだからだが、扉間の窓が奇数のため窓と座席の配置が半窓分ずれている。竣功届は「1951年3月30日竣功」「340万円」として、認可日に整合させて当局への無用の刺激を避け、4か月ほど遅らせて提出。従って公式にも1951年3月製とされているが、遅くとも前年11月には納品されていた。

　メーカー作図の竣功図にも「製造年月日昭和26年3月30日」と記入されているが、津軽の図を座席のみ修正流用したもので、代燃炉一式も描かれ、まことしやかに「代燃装置併用式」「代燃の着火方式　吹込着火式」の記入もある。しかし現実に代燃炉は装着されず、100％ディーゼルカーで完成・納品されていたのは津軽を除く他鉄道と同様である。

　この鉄道はプラットホームが低く、扉下の踏段が2段で、その分戸袋とも裾下がりが深かったから、津軽の1段の図は実態に合わず、正面図の踏段寸法のみ数値を訂正してある。また竣功時点新潟鐵工所に対する未払い金が480万円というから、1輛各100万円を頭金として払い、残額は長期割賦支払いであったことが分かる。

　この2輛は竣功図記入より約110日早い1950年12月10

(226)

山鹿温泉鉄道、熊延鉄道、

27・7・1改正

熊本・山鹿間

（山鹿温泉鉄道）

山鹿温泉鉄道時刻表。
時刻表1952年9月号

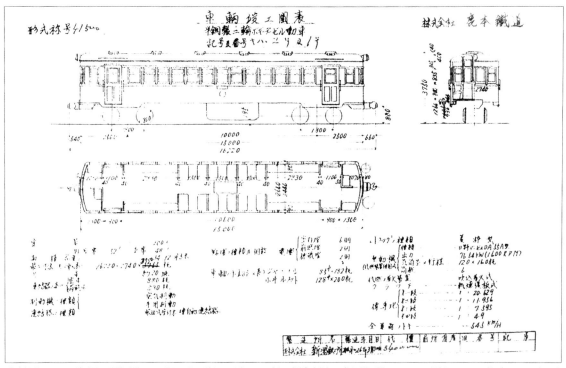

鹿本鉄道キハ1、2竣功図。記号番号キハ2号及1号と逆なのが珍しい。右側（動台車側）に代燃炉が描いてあり、連結器が120mm伸びている。床下踏込も一段しかないのは、津軽の図を座席だけ直して使ったため。

日以降、鹿児島本線を熊本まで、当初2往復、のち午前午後各2往復乗り入れ営業にフル活躍を開始。予備車がなく修繕は徹夜で行う綱渡り運行が水害による自社線切断まで続けられた。

　津軽同様、時期柄そう出来のよい車輌ではなかったはずだが、ともかくも長年の酷使に耐えたのは、沿線住民・学生が戦時中さながらの勤労奉仕で線路復旧に協力したエピソードと共に特筆すべきであろう。まさしく地元（鹿本郡）資本による地元民のための鉄道だったのである。

　山鹿温泉鉄道への社名変更は1952年6月4日。1954年3月31日設計認可、富士車輌で建造中のキハ3（となるべきDMH17B、トルコン装着3扉車＝年利10.22％、60か月の割賦支払い契約）は、水害により頭金100万円をペナルティにしてキャンセルされ、有田鉄道キハ250に。新潟鐵工所で建造され茨城交通ケハ401となった車輌も同様、2段踏込みから山鹿キハ4のキャンセル車と分かる。その代替には後述米軍払下げウイポンキャリアを種車にしたレールバスを導入した。

　再度の水害でついに鉄道存続が立ち行かず1960年12

山鹿温泉鉄道キハ1。左側の自連がやや突き出ているのは本来代燃炉設置のため。

1957.3.21　山鹿温泉　P：湯口　徹

山鹿温泉鉄道キハ2。
1957.3.21　山鹿温泉付近　Ｐ：湯口　徹

月1日運休。廃止許可は1965年2月4日である。キハ1、2は同型車を保有する津軽鉄道が購入を予定し、運輸省鉄道監督局の増備計画照会にもその旨回答。同局1965年度「車種別・会社別車輌増備内訳表」内燃動車の項に「津軽鉄道、形式国鉄キハ41500[*1]、譲受2輌、製作予定40年8月、備考九州山鹿鉄道から」とあるのが該当する。

現車は津軽に仲介したと思われる新潟鐵工所に搬入され、ステップ1段化改造もなされたのに、結局再起はしなかった。未収金回収のため津軽に押売りを目論んだ[*2]とされる。粗製ぶりと山鹿温泉での酷使老朽が伺える。

＊1山鹿竣功図（メーカー作図）にそう記入されていたため。
＊2白土貞夫「みちのくの私鉄見聞記」RAILFAN158号によれば「津軽鉄道が山鹿温泉キハ1、2を購入したが使用できず、新潟鐵工所へ下取りに出しキハ24023を新製」とある。

20-2.　山鹿温泉鉄道
キハ101／102

実質活躍期間は僅か2年ほどと短かったのに、ファンにとっては戦後の有名？車輌である。1953年6月26日豪雨で大築堤崩壊や橋梁に甚大な被害を出し、進退極まった山鹿温泉鉄道は上記のように2輌発注中の大型ディーゼルカーをキャンセル。苦し紛れの代替に大阪市バスの廃車2輌を購入し、単端式レールバスに仕立て上げた代物である。

その古バスは敗戦後壊滅的な大都市内交通救済のため、政府の要請により米軍がガソリン特別配給付きで交通局やバス会社に放出した、ＧＭＣ軍用2トン半積み汎用トラック（ウイポンキャリア）[*1]がベースである。受け入れ側ではキャブ・荷台を外し、廃車のバス車体を架設し使用。車内に必ず「この車輌は進駐軍の好意により提供云々」なる掲示があったのを記憶しており、

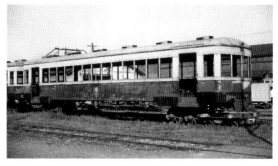

改造中の山鹿温泉鉄道キハ1。
1965.10.5　新潟鐵工所大山工場　Ｐ：阿部一紀

義務付けられていたのであろう。

ガソリン、後軸も2軸かつダブルタイヤ、計10輪とあって極めて不経済で、ディーゼル車の普及により多くが比較的短期間で廃棄、あるいは救援牽引車等に転用されたりしたが、大阪市ではことのほか長持ちさせていたのである。

キハ101はボンネットがＧＭＣ原型、車体は大阪市で架設した戦前のバスのまま、国鉄鹿児島工場で後軸を1軸にしてレールに乗せる改造を施工。設計書には「車種　ＧＭＣ旅客自動車改造四輪レールバス」とある。

終点での転向のため、車体床下に古レールを井桁に組んで駆動軸を避け、能力15トン・衝程200mmの油圧ジャッキを下向きに、後部に補助車輪を装着した。軌道中心の平台に平面ベアリングを置き、それにジャッキを合わせて車体を持ち上げ転回する仕組みである。

保線用モーターカーを含め、ジャッキ1本での「単端式車持ち上げ転回」例は世界中に無数？にあり、ジャッキを台枠に固定した例も少なくないが、補助車輪2個を車体後部に装着した「3点支持方式」は、世界でも唯一の工夫であろう。ただし転回は半円形補助車輪走路（コンクリート・半径3.15m、幅0.5m）を設置した箇所

ＧＭＣ軍用トラック改造の神戸市バス。　所蔵：湯口　徹

山鹿温泉鉄道キハ101。後尾の補助車輪に注意。窓の縦桟はガラス不足時代の名残りである。

1957.3.14　肥後豊田　P：湯口　徹

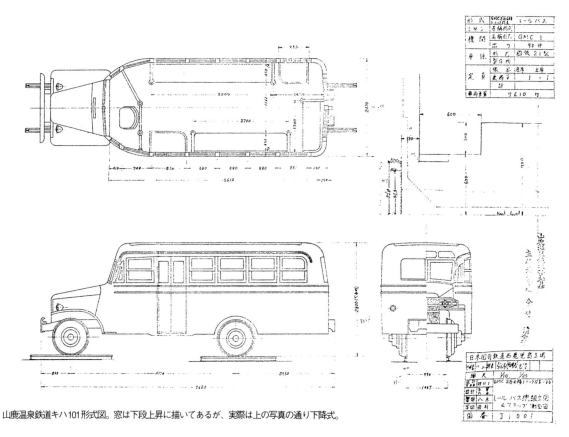

山鹿温泉鉄道キハ101形式図。窓は下段上昇に描いてあるが、実際は上の写真の通り下降式。

山鹿温泉鉄道キハ101。
1957.3.21　肥後高田　P：湯口　徹

山鹿温泉鉄道キハ102。油圧ジャッキに注目。

1957.3.21　山鹿温泉　P：湯口　徹

に限られる。

　二作目キハ102は鹿児島工場長が替わって？改造を断られたか、経費節約か、「輸送力の増強と予備車輌に充当」として自前で施工した。今度は古バス2車体の尻を両端にして切断接合し、スマート？なキャブオーバー

車になり、設計書での台枠構造はキハ101と同じとある。

　ホイルベースがキハ101の4,170mmから、102は4,530mmに伸びているが、一般的な2軸車と違い軸箱守がなく、車軸は内側板バネ保持だから、ホイルベースの変更は簡単だったのであろう。すなわち軍用車で丈

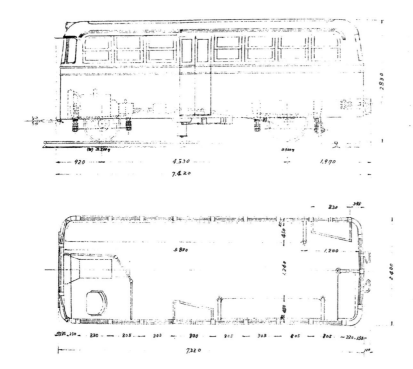

山鹿温泉鉄道キハ102形式図。変速機の位置が運転席より後ろのため、変速レバーは長く、前へ向かって伸びていた。

山鹿温泉鉄道キハ102。後尾の補助車輪が珍しい。

1957.3.21　山鹿温泉　P：湯口　徹

夫、かつ後輪がダブルで車軸保持の左右板バネ間隔＝シャシー間隔が狭く、1067mm軌間に適合する[*2]ことを最優先し、こんな不経済な車輌を種車に選んだと思われる。

　いやしくも我国鉄道車輌（の端くれ）だから、両者

とも右サイドに、バス時代にはなかった非常用扉（2枚折り戸）を設けている。設計申請はキハ101が1954年12月20日／認可1955年3月23日／竣功届5月25日、キハ102が1955年6月21日／9月2日／10月25日。

　設計書および竣功図によるキハ101（カッコ内はキハ

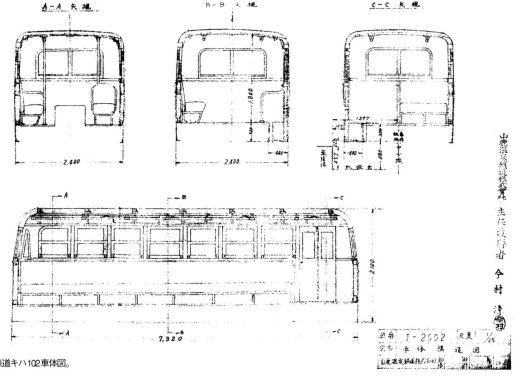

山鹿温泉鉄道キハ102車体図。

102）要目は次の通り。

▽定員47（52）人▽内座席18（21）人▽自重7.61（6.5）トン▽製造年月1955年3（10）月▽機関ＧＭＣ270／1,600▽ギヤ比①6.06、②3.50、③1.80、④1.00、⑤0.799。ファイナルドライブ比は6.06と大きいが、共にＧＭＣ車のもの。

ＧＭＣ車オリジナルの、ペダルによる油圧センターブレーキを常用したと思われ、当然ハンドブレーキも備えている。苦笑を禁じ得ない最高速度72kmとは、⑤速＝オーバードライブ使用時の計算上の速度であろうが、レールバスとして⑤速を使うことがあったとは思えない。

「連結器　簡易連結器」とあるのは、当局が「杓子定規」よろしく規則[3]だからと付記させたものだが、牽引時ロープかワイヤーを結ぶ、単なるリンクである。

1957年7月26日再度大規模水害に遭遇し、植木ー植木町間の大築堤が崩壊して国鉄との接続が断たれ、この区間に虎の子の観光バスを投入して代行。接続運行は続けたものの、金づるの熊本直通ができず、復旧能力などあるわけもなく、燃料をツケで売ってくれるところもなくなって12月1日休止。1965年2月4日許可で廃止された。このレールバス2輌も長らく放置され朽ち果てた。

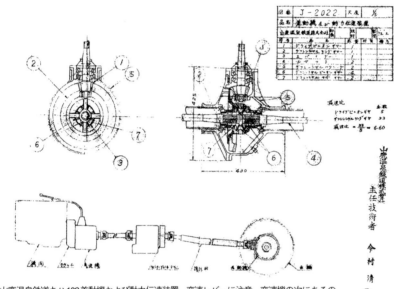

山鹿温泉鉄道キハ102差動機および動力伝達装置。変速レバーに注意。変速機の次にあるのは補助変速機（前軸駆動用＝殺してある）、そのすぐ後ろにセンターブレーキドラムがある。

*1 俗称ツートンハーフ、後部2軸（各ダブル）で第二次大戦用に1,700万台余が製造された。日本への供与輌数は不明だが、運輸省陸運監理局が日本語「取扱便覧」を作り配布しており、相当数に上ったと思われる。他に小型のダッジ車、水陸両用「アンヒビアン」車も供与されている。

*2 通常のトラック等なら、1435mm程度の軌間でないと鉄輪装着が困難である。

*3 地方鉄道建設規程第50条の2「車輪ニハ弾性ノ緩衝器及聯結器ヲ備フルコトヲ要ス」。

和久田康雄「山鹿温泉鉄道」鉄道ピクトリアル253号
湯口　徹『私鉄紀行／南の空・小さな列車（上）』
田尻弘行『山鹿温泉鉄道』RM LIBRARY 57

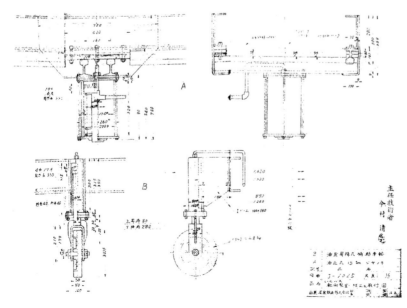

山鹿温泉鉄道キハ102油圧ジャッキ（A）および油圧昇降式補助車輪（B）。

熊延鉄道ヂハ102。

1957.3.21　南熊本　P：湯口　徹

21-1.　熊延鉄道ヂハ101、102
＝汽車製造株式会社東京支店

　この鉄道は戦前2軸、片ボギーのガソリンカー計4輌を保有していたが、1輌を戦災で失い、2軸車2輌、片ボギー車1輌は付随車化。敗戦後登場した最初の2輌が汽車製ヂハ101、102である。その理由として「最近に於ける交通事情に鑑み代燃車の運行をなして輻輳する旅客の輸送に充てゝ自動車事業に対処し、一面代燃使用に因る人件費竝（ならびに）燃料の節約を図って事業経営の合理化を計らんとするもの」とある。「ヂーゼル及ヂーゼル着火ガス機関性能比較表」も添付されているが、傍点部分は前後で矛盾する。

　2輌で600万円＝借入金400万円、自己資金200万円を予定していた。設計申請は1950年9月20日、認可1951年1月24日、竣功届は8月2日と遅れたが、竣功図その他の製造年月は1950年12月と認可前であり、これが現実である。代価1輌320万円、定員100（内座席48）人、自重20トン。

　日本燃料株式会社製造の木炭ガス発生装置を装着した「重油着火方式」の代燃車として設計申請がなされており、設計書での機関は日野産業製ＤＡ55Ｂ（最大99馬力／1,600、圧縮比16.4）。竣功図ではＤＡ54（圧縮比15.4）で、これは江若鉄道のキニ9〜13と逆のケース[1]である。

　竣功図には代燃云々は一言もなく、竣功当時の写真でも本来代燃台のはずの動台車側荷台はからっぽ。

100％ディーゼルカーとして竣功したのは他社での例と同じである。要は当時既に燃料の入手は正式でなくとも苦労はなく、当局は現実にその装置を欠いていることを承知しながら、制度の「建前上」手続としてのみ、代燃での申請と繕うため設計書の訂正を要求。実質は黙認した「お役所処理」だったのであろう。記号のヂハとはヂーゼルの「ヂ」で、戦前では成田鉄道が「ヂ」だけ、北九州鉄道は「ジハ」である。

　あまりスマートとは申しかねる妻面は、クハ86第一次型3枚窓を2枚窓にしたようなもので、運転席は全幅、左右とも乗務員扉がある。台車は菱枠だが動台車ホイルベースは900＋1,200の（正当？）偏心、付随台車は1,800mm。変速機ギヤ比は①4.21、②2.44、③1.55、④1.00と小さいかわりに、逆転機比が4.25と大きくなっているのは勾配対応であろう。

熊延鉄道ヂハ101。玉野市が購入し九州車輌入場直前の姿。

1964.6.9　小倉　P：湯口　徹

玉野市キハ103←熊延鉄道ヂハ102。運転席反対側は妻まで座席が伸びた。窓ガラスの三文字は「手動扉」。　　　　1965.4.11　玉遊劇地前　P：湯口　徹

　なお101は"ましき"、102は"たくま"の愛称が付されていた由[2]で、1962年に振興TC1.5トルコンを装着している。

　1964年3月31日鉄道廃止により、この2輛は折から経営合理化のため動力を電気から内燃に変更した玉野市交通局が購入。なぜか九州車輛→帝国車輛と「2軒はしご」入場で改造し、キハ102、103として再起した。機関をDMF13Cに換装、運転室が半幅に、右側の乗務

員扉を殺して座席を増設し定員102（内座席50）人となり、竣功図には製造帝国車輛、1964年11月と記されていた。ここも1972年4月1日廃止され、車体のみ近辺で事務室代わり？に使われたと聞くが、その後の消息は得られない。

*1 江若鉄道キニ9〜13は戦後DA53に換装するとして設計変更認可を得、竣功届、竣功図もその記入で提出されたが、現実に装着した機関はDA54Aであった。
*2 沿線地名＝田尻弘行『熊延鉄道』RM LIBRARY 42。

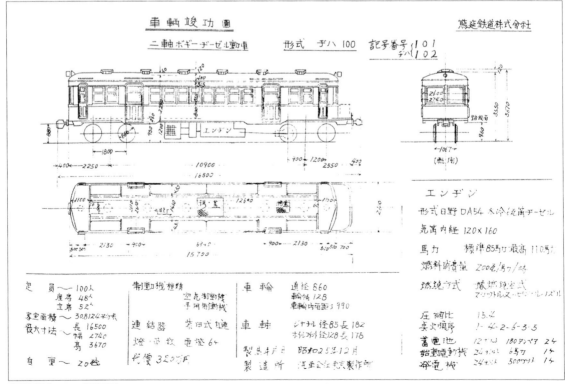

熊延鉄道ヂハ101、102竣功図。

熊延鉄道ヂハ201。

1954.3.14　南熊本　P：湯口　徹

21-2.　熊延鉄道ヂハ201、202
＝帝国車輌株式会社

　帝国車輌はかつての梅鉢鉄工場（個人経営）が梅鉢車輌を経て、再度改称したもので、戦後は国鉄ディーゼルカーを山ほど手掛けたが、私鉄内燃動車は少なく、機械式はこの2輌のみである。トルコン車は島原鉄道キハ4503、4505、それに国鉄車に準じたキハ2003、5501、

5502、南海電気鉄道キハ5501～5505、キハ5551～5554の計14輌。

　熊延鉄道は1950年汽車東京でヂハ101、102を製造後、島原鉄道から廃車を譲り受けて九州車輌で再生しヂハ103に、さらに1952年12月17日新製ディーゼルカー2輌の設計を申請した。認可は1953年2月19日。「車輌増車理由書」には次のように記されている。

　「輸送力の増強を図る一面経費の節減と旅客のサー

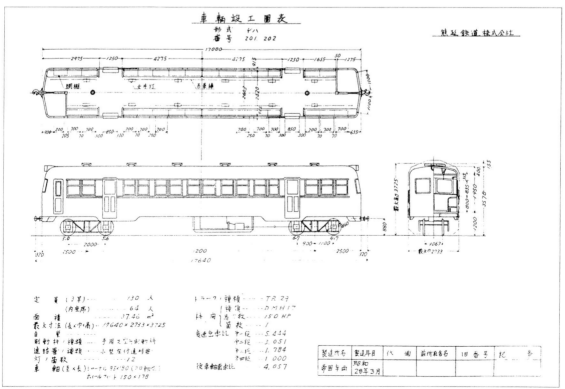

熊延鉄道ヂハ201、202竣功図。動台車の900＋1100mm偏心に注意。

ビスを図る目的をもって昨年度よりヂーゼル化を計画し現在三輛のヂーゼル客車を運行中のところ更に今回二輛を増備して現在の蒸気機関車に依る混合列車を全廃し、蒸気列車の運行は貨物のみとし旅客は全部ヂーゼル列車を以て運転し輸送の万全を期せんとするものであります」

　朝鮮戦争によって景気回復とインフレが進み、汽車製ヂハ101、102に比し機関の差もあって予算も1輛1,046万7,000円に高騰。1,000万円を増資引当、700万円を長期借入金、396万4,000円を収益金および償却金により、1ヶ年賦払い（1か月約33万円）という支払計画であった。

　ヂハ201、202は定員130（内座席64）人、自重22.0トン、振興造機製ＤＭＨ17を搭載し、変速機、逆転機はキハ41000と同じもの。台車はホイルベース2,000mmの菱枠だが、動台車が同じ2,000mmのまま900＋1,100mmに分割した、動軸重6.7トン、付随軸重4.7トンとあまり顕著でないが、それでも効果はある偏心台車であった。これは最初からそのように設計製作したのか、後でいう「発生品」のＴＲ29を改造[*1]したものか詳細は不明である。

　このように付随台車と同じホイルベースのまま、動台車のみ動軸と付随軸との配分を変えて偏心させた例は戦前になく、戦後特有の現象で、他には大分交通キハ601〜604（日車本店／新潟、850＋950／1,800mm）、由利高原鉄道ＹＲ1001〜1005（新潟、800＋1,000／1,800mm）がある。

　車体は流行真っ盛りの湘南型2枚窓で、妻面のみノーシル・ノーヘッダー、扉上のみ水切りがある。窓幅は700mmだが、扉間の窓配置が2個ずつセットになり5組を配しているのが、この時期として珍しくやや古めかしい。もっともはるか後年国鉄117系電車や鹿島臨海鉄道キハ6000形等もあるが。運転席は先のヂハ101、102と異なり車体半幅で、反対側は妻面まで座席があり、客扉はプレス。

　1961年ＴＣ−2を装着しトルコン車になったが総括制御はできなかった。

　1964年3月31日廃止により、ヂハ201、202は江若鉄道がＤＣ251と共に購入し、キハ51、52として再起したが、1969年11月1日湖東線建設に先立ち再度廃止に遭遇。三井寺下で解体された。

*1　そのような改造が可能かどうかは不明。竣功図にはＴＲ29と記入されている。

湯口　徹『私鉄紀行／南の空・小さな列車（上）』

江若鉄道キハ52←熊延鉄道ヂハ202。動台車はTR29を改造した？900＋1100mmという偏心台車。湘南スタイルの妻窓が開くというのはちょっとした驚きである。　1969.7.27　近江今津　P：湯口　徹

22.　日本鉱業佐賀関鉄道 ケコキハ512

=若松車輛株式会社

　貨車専業に近い若松車輛が、同鉄道ＤＢ1と共に唯一製造した内燃動車である。佐賀関鉄道は戦時中に建設が開始されたが開業は敗戦後で、客車として国鉄から払下げを受けていたケコハ510、511（←ケキハ510、511←大隅鉄道カホ1、2）に、1951年6月18日設計変更認可でいすゞＤＡ43Ｎを装着し、内燃動車ケコキハ510、511に復元。前後して1951年5月25日申請、8月2日設計認可でケコキハ512を新製した。竣功届は9月10日。

　番号が連続し定員60（内座席30）人も同じだが、新製車だけにヘッダーがなく、妻面にもＲが付いた2枚窓で、車体実長も1,000mm長い9,800mm。台車は菱枠でホイルベース1,300mm、偏心はしていない。機関はいすゞＤＡ43Ｎ（竣功図ＤＡ45Ｎ）、変速機歯車比は①6.15、②3.06、③1.79、④1.00、逆転機比は5.05と大きい。

　この鉄道に関しては代燃関連の記録がない。ディーゼル燃料は入手に支障がなく、建前だけの代燃申請も実情に合わなくなり、江若鉄道を唯一の例外としていた100％ディーゼル動車の設計を、認可当局が公式に認めた最初のケースかと思われる。

　動車が3輛になって客貨分離を実施、その後一般的には都会より早い室内灯の蛍光灯化、連結器もピンリンク式から小型の日立＝ウイリソン[*1]自連に交換された。さらには若い女性車掌にしゃれた茶色[*2]制服・白手袋姿で乗務させるなど、こんな田舎の軽便、しかも元来が産業鉄道にしては驚くほどの変身ぶりではあった。

　しかし廃止も意外に早い1963年5月15日で、開業以来わずか15年の生涯であった。ケコキハ512は12年に満たず、この時期762mm軌間中古動車売却例は遠州鉄道奥山線にしかなく、客車としての再起もなかった。車体のみ地元幼稚園で建物代わりに活用されたと聞く。

日本鉱業佐賀関鉄道ケコキハ512。連結器は日立＝ウイリソン自連。排障器が独特である。

1958.3.18　佐賀関　Ｐ：湯口　徹

＊1ウイルソンと記されることが多いが、発明者は英人のWilison
　で、我国でも1913、14年に特許を取得している。採用例は他に
　越後交通栃尾線（旅客車）、隧道ずり出し仮設軌道、欧州の一
　部内燃車輌など。旧ソ連では基本連結器であった。
＊2鉄道職員の制服は古今紺色とほぼ決まっていた。

谷口良忠「日本鉱業・佐賀関鉄道」鉄道ピクトリアル160号
湯口　徹『私鉄紀行／南の空・小さな列車（下）』

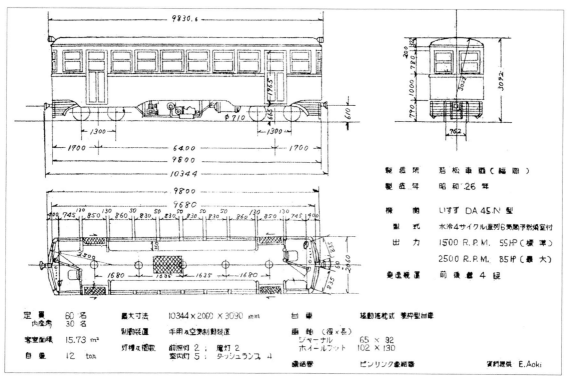

日本鉱業佐賀関鉄道ケコキハ512形式図（Pantograph63号より）。この時点連結器はピンリンクである。

日本鉱業佐賀関鉄道ケコキハ512
1958.3.18　幸崎　P：湯口　徹

23.　南薩鉄道キハ101～106
=川崎車輌株式会社

　この鉄道は長大な路線にもかかわらず、戦前ガソリンカーは松井製木造2軸車がわずか3輌[*1]、それに合併した薩南中央鉄道から引き継いだ半鋼2軸レールカー1輌のみであった。その反動でもあるまいが、1952年「経営の合理化と旅客へのサービスを良くするため」として一挙に新動車6輌を導入したのは、第三セクター鉄道開業時を除き、戦後私鉄最多記録[*2]である。

　夕張鉄道に次ぐキハ42000タイプで設計申請は1952年10月7日、認可は12月8日と早い。なお国鉄以外の42000タイプ新製車は戦前では台湾総督府のみ、敗戦後は夕張と南薩のみである。

　キハ42000というより、戦後製で南薩より若干早く出現した国鉄キハ42600代に準じた車体なのだが、差異はいくつかある。外見では扉下部に踏み込みがなく、戸袋部分とも裾下がりがない。プラットホームとの差は床下に設けた、それも折り畳みではなく「引き出し」式の踏み板で、高・奥行各235mmを処理するという他例のない設計。なぜこんな構造を選択したのかは伝えられていない。

　扉は42600代と同様プレスドアだが当然手動で、車掌が操作するエア作動の踏み板とは連動しておらず、収め忘れて発車すると車輌定規を突破する。当局が「本車輌の踏段操作の取扱については、乗務員を十分教育し、特に危険防止に注意すること」と通達したのは当然であった。

南薩鉄道時刻表。
時刻表1953年11月号

28.10. 1 訂補			南　薩　鉄　道　各　線												
600	700	802	此間	1820	1918	2130	粁	円	発伊集院薯着	724	742	922	此間	2041	2129	2218

鹿児島交通キハ103。妻面運転士席側反対側部分（室内）の横桟は手荷物搭載の保護棒である。　　　　　　1974.7.11　加世田　Ｐ：湯口　徹

　室内はロングシートがなくすべてクロスシートで、定員は120（内座席80）人と、いかにも長大線区用であった。因みに国鉄キハ42600代は従前の42000と定員96人は同じだが、運転席反対側にも１人用座席があり、ク

ロス部分が多く座席72人、立席24人である。

　機関は国鉄と同じくＤＭＨ17、変速機ギヤ比も同じ①5.444、②3.051、③1.784、④1.000、だが、逆転機ギヤ比のみ42000の2.976に比し4.722と1.58倍である。これは20〜25‰勾配に備えたためであろうが、当然速度は遅く、自重は27.1トンとある。

　新鋭ディーゼルカー導入前、1952年３月10日改正での伊集院−枕崎（49.6km）直通蒸機牽引列車は、加世田での停車時間を含め140〜180分程度を要していた。1953年10月１日改正では120分程度にスピードアップし、時刻表には誇らしげに「ディーゼル車」と記されている。

　その後トルコン装着、キハ48100（→キハ10）私鉄版のごときキハ301〜303が増備され、混結も常態だったが、当然総括制御はできず運転士が各車に乗務し、かつキハ101〜106が後尾に連結されていたのは、上記踏板を車掌が操作するためである。

　1964年９月１日三州自動車主体の鹿児島交通に吸収される。キハ101〜106は1970年機関をＤＭＨ17Ｃに換装強化、ＴＣ−２を装着したが、相変わらず総括制御はできなかった。

　全線にわたり猛烈な過疎の波に洗われ、炭礦地帯を除く他鉄道では例のない乗客激減＝1956年度367万7,000人が1979年度85万人と、実に23％に減少して車輌が大幅に余剰。1971年４月１日貨物営業を廃止しているが、

鹿児島交通キハ104〜106。1970.9.12　加世田　Ｐ：湯口　徹

郵便物、手小荷物輸送は残ったため、従前貨物列車に併結していたホユニはキハ101、105をキユニ101、105に改造して代替した。座席を全部撤去、約70％を手荷物室（積載荷重6トン）、残りを郵便室（2トン）、自重26.4トンに。

この改造が1972年とされるのは、設計変更認可、竣功届に整合＝運輸省に対する無難な公式日付設定のためで、実態とは大幅に相違する。貨物列車廃止時点既にキユニは郵政省が郵便室改造経費を負担し完工済みであり、島原鉄道も同様だが、車内で郵便物仕分作業をする本格的な郵便車だから、一年間もの空白はありえない。

しかしその郵便輸送も1975年3月10日で終了[*3]した。1977年には廃車バスを改造する両運レールバス、新製2軸動車[*4]の投入を本気で発想し複数のメーカーに打診したが、どこも相手にせず挫折した経緯もある。

鉄道廃止は1984年3月18日だが、その前に水害で復旧不能の傷を負って線路が分断されており、車輛の再起は一切なかった。加世田駅跡はスーパーマーケットと駐車場になったが、蒸機のほかキハ103が旧機関区の鉄道記念館に保存されている。

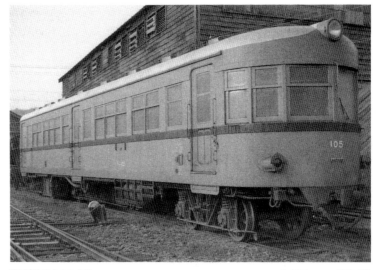
鹿児島交通キユニ105。　　　　　　　　　　　1982.11.21　加世田　P：高間恒雄

＊1 うち2輌は貫通式、クロスシートの長距離仕様という珍しいものであった。他に日車本店から1935年2月26日付、阿南鉄道キハ201の図（ウォーケシャ6SRL）で見積を徴した記録はある。
＊2 戦前には約2か月のさみだれ納車だが、東京横浜電気鉄道キハ1～8がある。戦後5輌の同時投入例は常総筑波鉄道キハ501～505／801～805。
＊3 白土貞夫「ローカル私鉄における郵便輸送をめぐって」鉄道ピクトリアル509号。
＊4 湯口　徹「幻の鹿児島交通レールバス」鉄道史料76号、同「レールバスの軌跡」鉄道ファン544号参照。

谷口良忠「鹿児島交通・南薩鉄道」鉄道ピクトリアル173号
湯口　徹『私鉄紀行／南の空・小さな列車』

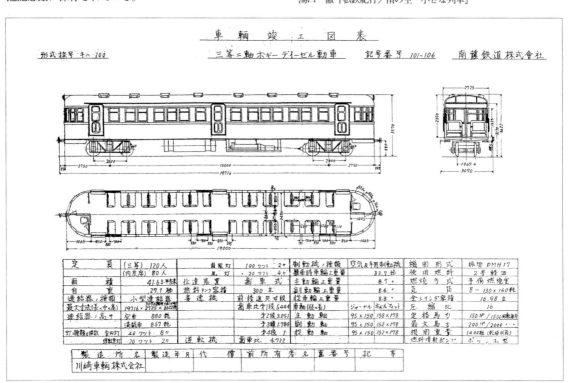
南薩鉄道キハ101～106竣功図。

番外1. 常磐炭礦練炭製造所

（記号番号不明）

　常磐炭礦専用側線の中郷線練炭工場に榎本鉄工所（東京）製造、20トンと称する奇怪な車輌がいたことが写真とも報告されている[*1]。

　これは旧鉄道聯隊100式鉄道牽引車（路面鉄路両用＝1000〜1524mm軌間に対応）を鉄路専用としたもの[*2]で、荷台部分にバラック然とした木製車体を載せている。自重20トンとは、貨車牽引のため死重を積載していたとしても、信じがたいというよりあり得まい。

　機関はオリジナルのいすゞDD-10空冷ディーゼルエンジン（口径110×衝程140mm×6気筒）のままであろう。代価95万円、現地到着は1950年8月26日、9月1日から就役したとされ、その後の消息は得られていないが、10年程は活躍？したかと思われる。

　詳細は不明のままで、少なくとも当局資料等に動車としての記録が一切発見できておらず、無認可＝事実上存在した車輌の可能性が強そうで、本稿冒頭記した輌数には含めず、番外として扱っておく。

*1 「100式鉄道牽引車ものがたり（下）」レイル・マガジン102号、おやけこういち『常磐地方の鉄道』189〜191頁。外見はウォーム駆動6輪だが、最初より逆転機を備えている。
*2 （通常の）トラック改造説をなす向きもあるが、ボンネット形状から100式鉄道牽引車に間違いない（96頁写真参照）。キャブは後部車体に合わせ拡幅している。

常磐炭礦練炭製造所（記号番号不明）の運転室。

1959年頃　P：沖田佑作

常磐炭礦練炭製造所（記号番号不明）　　　　　　　　　　　　　　　1959年頃　P：沖田佑作

常磐炭礦練炭製造所（記号番号不明）正面。1959年頃　Ｐ：沖田佑作　　常磐炭礦練炭製造所（記号番号不明）後妻。1959年頃　Ｐ：沖田佑作

番外2.　三岐鉄道キハ7

　この車輛の公式記録は、1951年4月30日車輛設計認可申請（キハ7新造）、8月20日申請書訂正（踏段設置）、設計認可10月10日[*1]。要目は最大寸法13,500×2,700×3,698、16トン、定員78（内座席26）人、機関相模N-80、閑車比①5.200　②3.684　③1.857　④1.000である。従来から「1951年製とは到底思えないが前歴は不明」とされてきた。

　竣功図記入の製造年・製造所は昭和26年・加藤車輛製作所だが、加藤車輛製作所は戦争末期（恐らく戦災で）姿を消し、敗戦後の消息はない。詳細[*2]は略すが、戦時中三岐鉄道が入手[*3]し、記号番号はキハ7でも客車として加藤で整備中、陸軍に徴用されて代燃気動車に再度改造の上、名古屋造兵廠鷹貴製造所専用側線で工員輸送に従事し、戦災に遭遇したと考えられる。

　敗戦後の1946年三岐鉄道に返却[*4]されたが、そのまま庫内に収納され続け、「新たな」ディーゼル動車としての設計申請は上記の通り5年後であった。整備したところは不詳。

三岐鉄道キハ7。　　　　　　　　　　　　　　　　　　　　　　　　1957.3.6　富田　Ｐ：湯口　徹

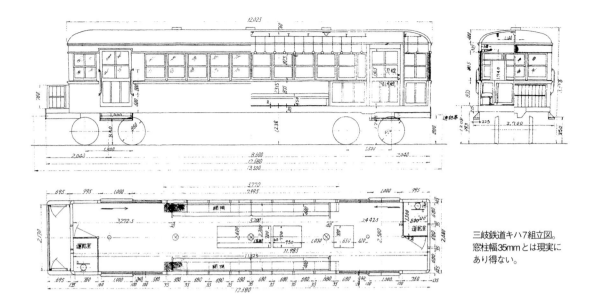

三岐鉄道キハ7組立図。窓柱幅35mmとは現実にあり得ない。

　小生は扉間窓10個等から、前身を筑前参宮鉄道→西日本鉄道ミヤ101～103（新潟鐵工所1932年7月／'34年7月製造）の中の1輌と推定していた。筑前参宮図面等とは各部で合致せず、三岐での設計申請組立図は間柱幅が35mm＝現実にありえない寸法[5]など、謎はあまりにも多い。強弁めくが、三岐での組立図、竣功図と現実のキハ7とは、各部数値が相当に相違＝乖離していたと思われる。

　現車は三岐の電車導入と、接続駅の国鉄から近鉄への変更で用途を失い、1961年12月20日譲受使用認可で北陸鉄道能線キハ5162に再起しＤＡ58に換装。譲渡価格が170万円と極めて安価だけでなく、引渡（4月15日）完了月末50万円、残額は中古乗用車並み？に毎月10万円×12か月割賦支払、車輌輸送・添乗経費等もすべて三岐負担と、信じがたい寛大な条件での売却—むしろ引き取っていただいたとするほうが適切のようだ。

　車体の「現実」寸法測定等の機会を得ないうちに1968年2月廃車、漁礁として日本海に投棄され、謎は解明されないままである。少なくとも敗戦後の「新製」内燃動車には含め得ず、本稿対象外とはなるが、番外として略記にとどめる。

* 1 三岐側資料では10月5日。一般に当局記録と数日のズレは珍しいことではない。
* 2 湯口　徹「気動車意外譚（1）―三岐鉄道キハ7」「三岐キハ7再考記」「『三岐鉄道キハ7追記』再追記／訂正」鉄道史料89、111、112号参照。踏段は認可当局の装着指導で、床面下（蹴上）358mmとした図面を提出しながら、現実には最も安易に車体の裾に設置し、蹴上215mmであった。
* 3 筑前参宮鉄道→西日本鉄道ミヤ101～103の国鉄側公式処理は1944年5月1日買収、戦災で3輌とも1946年11月28日廃車。ミヤ102の車体は鳥栖に残存したから、三岐キハはミヤ101か

103の後裔であろう。現実には買収前に鉄道軌道統制会が仲介し、西鉄から三岐に1輌が譲られながら手続き未済のまま買収に遭遇。書類上処理では3輌とも国鉄籍を得、廃車処分されたものと推定している。
* 4 一般に敗戦後運輸通信省を経て三岐に払下とされるが、1946年現車三岐入りは、戦時中取得＝徴用物件の「本来の所有者」への返却を示す。国鉄所有なら他の賠償指定物件同様、大蔵省管理→国鉄返還（指定解除）が2～3年遅れているはずである。
* 5 柱両側に窓枠用レール掘り込みが必要のため、35mmの柱幅は考えられず、通常50～70mm以上。

番外3.　菊池電気軌道500形

　藤浦哲夫「九州旅行鉄道見聞記」CLUB CAR 5号（1947年7月）に、「中華民国でよく見た、自動車に鉄道車輪を取付けたＮo.500といふ汽関車？有り、ム1形といふ省トキ100型の様なボギー無蓋車3～4輌を連結して駅工事に使用してゐる」とある。

　『熊本電鉄創立80周年記念史』等から整理すると、戦争末期鹿児島本線緑川鉄橋が破壊される事態に備え、川尻－宇土間に別線が計画され、建設用に鉄道聯隊100式鉄道牽引車7輌が持ち込まれていた。空襲により室園の変電所や工場を焼失していた菊池電気軌道が（燃料とも）1945年10月取得し、座席なし、天幕屋根を設けた専用貨車2輌[1]やハ31、32を牽引して藤崎宮前－高江間の旅客輸送に使用。一種の緊急避難だが、鉄道大臣も歴任した松野鶴平社長の政治力にほかなるまい。

　翌夏旧荒尾海軍工廠Ｂ凸型電機ＥＢ1～3の登場で失職したが、のち4輌が上記上熊本線建設に従事し、1949年まで室園に残存した由。上記『記念史』に「エンジンはドイツ製」とあるのは間違いで、番外1. に記したようにいすゞ空冷ディーゼル機関である。

　敗戦直後のどさくさ時期に事実上入手（占有？）し

菊池電気軌道に投入されたものと同形100式鉄道牽引車。いすゞ空冷ディーゼル機関搭載、南方のメーターゲージから、ソ連の1524mmにまで対応できた。逆転機も装備。1960.8.14　大阪　P：湯口　徹

たため、設計も内燃動力併用手続もなされない（できない）ままでの無認可車輛だが、賠償物件指定[*2]にも漏れ、写真も得られていない。保線用や建設用（非営業）車輛なら設計認可は不要である。なお社名はこの後菊池電気鉄道を経て、熊本電気鉄道に改称している。

[*1] 同じく鉄道聯隊の91式軽貨車であろう。一連の詳細は堀田和弘によるところが多い。
[*2] 島原鉄道の旧海軍工廠簡易客車も同様かと思われる。軍需工場設備等はGHQ命令で賠償物件に指定、大蔵省管理であった。

■戦後生まれの私鉄機械式気動車機関一覧表（製造当時装着）

名　称	形　式	気筒数	口径	衝程	出力（馬力）／回転数		装　着　車　輛
●ガソリン機関							
ニッサン	180	6	82.5	114.3		85／3,300	根室拓殖キハ2、キ1
いすゞ	TX40	6	90	115	45／1,500	72／3,600	西大寺キハ8、10
	GMF13	6	130	160	100／1,300	150／2,000	藤田興業片上キハ3004、3005
GMC	270	6	96	101.6	53.6／1,600		山鹿温泉キハ101、102
●ディーゼル機関							
相模陸軍造兵廠	N-80	6	120	160	90／1,300	110／1,700	豊羽鉱山、留萌ケハ501
いすゞ	DA45	6	95	120	55／1,500	85／2,500	遠州キハ1801、1802、日鉱佐賀関ケコキハ512
〃	DA110	6	100	120	82／1,800	105／2,600	静岡キハD14、16
〃	DA120	6	110	120	90／1,800	118／2,600	静岡キハD15、17、18
日　野	DA54	6	120	160	96／1,300	115／1,800	羽後キハ1、常総筑波キハ40084〜40086、41021、熊延ヂハ101、102
〃	DA55	6	120	160	85／1,200	110／1,700	津軽キハ2、3、小名浜臨港キハ103、磐城炭礦キハ11、鹿本キハ1、2
〃	DS22	6	105	135	60／1,300	125／2,400	羽幌炭礦キハ11、仙北キハ2406、井笠ホジ1〜3
〃	DS40	6	110	140	95／1,400	150／2,400	遠州キハ1804、井笠ホジ101、102
〃	DS90	6	105	135	80／1,800	106／2,000	南部縦貫キハ101、102
	DMH17	8	130	160	150／1,500	200／2,000	夕張キハ201、202、留萌ケハ502、常総筑波キハ42002、小湊キハ6100、6101、加越能キハ15001、熊延ヂハ201、202、南薩キハ101〜106

キハ41500（41646）。
1955.3.15 谷川 P：湯口 徹

番外4. 国鉄の機械式動車

最後に戦後新製された国鉄機械式動車を形式・番号・製造所のみ列挙しておく。

形式キハ41500	41600〜41624	1951年9〜11月	新潟鐵工所	→キハ061〜0625
	41625〜41649	1951年9〜11月	川崎車輛	→キハ0626〜0650
形式キハ42500	42600〜42614	1952年9〜10月	新潟鐵工所	→キハ07101〜07115
	42615〜42619	1952年10月	東急車輛	→キハ07116〜07120
形式キハ10000	10000〜10003	1954年8月	東急車輛	→キハ011〜014
	10004〜10011	1955年8月	東急車輛	→キハ0151〜0158
	10012〜10028	1955年12月〜56年1月	東急車輛	→キハ021〜0217
形式キハ10200	10200〜10219	1956年9〜10月	東急車輛	→キハ031〜0320

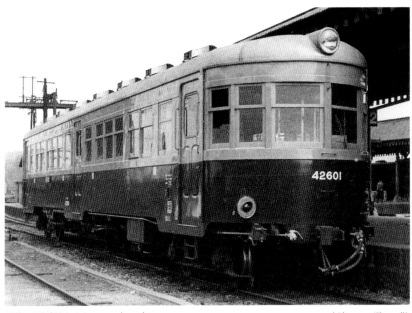

戦後20輛新製されたキハ42600（42601）。

1952.10.26 木津 P：湯口 徹

上巻にミスがあり、謹んで訂正加筆させていただく。
10頁左本文11行目に加筆＝根室拓殖鉄道キハ2、キ1の設計申請は1949年11月28日、認可1950年5月30日。すなわち現車2輛の試運転合格・受領（1949年10月1日）後の設計申請だが、これは零細内燃軌道としては戦前ごく通常の企業行動であった。

■戦後生まれの私鉄機械式動車　メーカー別一覧表　(50音順)

鉄道名	記号番号	設計認可	定員(内連数)人	自重	窓配列	機関	最大寸法	ホイルベース	記事
宇都宮車輛株式会社									
羽後鉄道	キハ1	1950.10.20	110 (48*)	21*	1D16D1/C4	DA54	16,880×2,720×3,880	2,000/	台枠ナンバ2864　台車TR29　*本文参照
常総筑波	キハ21	1951.1.24	80 (28)	17	1D8D1/C4	DA55	13,740*×2,720×3,880	1,800/7,450	蹄段2段→岡山臨港鉄道キハ1003　*本文脚注参照
藤田興業	キハ3004, 3005	1953.6.23	109 (62)	21	1D16DE ED16D1/C2	GMF13	16,592.6×2,723×3,677	1,800/10,500	→キハ311, 312
川崎車輛株式会社									
南薩鉄道	キハ101〜106	1952.12.8	120 (80)	27.1	D1·2·3:1D1:3·2:1D/C6	DMH17	19,716×2,725×3,622	2,000/13,500	蹄段エア操作, オールクロスシート
汽車製造株式会社 (東京支店)									
熊延鉄道	チハ101, 102	1951.1.24	100 (48)	20	荷E2D8D2E/C2	DA54*	16,500×2,740×3,670	900+1,200/1,800/10,900	代燃車名目「渡初図DA54　のちTC15装着 →玉野市キハ102, 103
遠州鉄道	キハ1803	1954.6.2	60 (24)	11	ED9DE/C3	DA45	10,590×2,100×3,185	1,600/6,100	チェーン2軸連動 →尼小屋鉄道キハ3
田井自動車工業株式会社									
根室拓殖鉄道	キハ2	1950.5.30	44 (24)	4.9	1E2D3 C2/4D3/C2代	ニッサン180	不明×2,000×2,790	2,500	「かもめ」代燃車端式　車体一部ジュラルミン
〃	キ1	1950.5.30	荷重0.5t	3.5	1D1 C2/1D荷荷	〃	6,800×2,000×2,660	〃	「銀竜」代燃貨物車端式　のち台車撤去客室装着 定員40人ボンネット突き出し改造→キハ3
泰和車輛株式会社									
留萠鉄道	ケハ501	1952.9.26	75 (42)	18.0	1D10D1/C4	N-80	12,220×2,850*×3,670	1,600/	*本文参照
〃	ケハ502	1953.2.19	140 (80)	26.56	1D20D1/C4	DMH17	18,890×2,850×3,690	2,450/12,200	台枠ナンバ10056
帝国車輛株式会社									
熊延鉄道	チハ201, 202	1953.2.19	130 (64)	22.0	3D2×5D2E E2D2×5D3/S2	DMH17	17,640×2,733×3,725	900+1,100/2,000/12,000	のちTC-2装着 →江若鉄道キハ51, 52
東急車輛株式会社									
仙北鉄道	キハ2406	1955.3.26	92 (46)	13.5	1D7DE ED7D1/C2	DS22	13,400×2,125×3,200	1,600/8,700	全金属車体　片クロスシート
ナニワ工機株式会社									
遠州鉄道	キハ1801, 1802	1951.7.23	56 (22)	10	ED8DE/F3	DA45	9,890×2,100×3,195	1,555/5,500	チェーン2軸連動
株式会社新潟鐵工所									
津軽鉄道	キハ2402, 2403	1950.10.30	100 (50)	20.0	1D13D1/C4	DA55	16,220×2,740×3,750	1,800/10,000	代燃車
鹿本鉄道	キハ1, 2	1951.3.7	100 (52)	〃	〃	DA55A	〃	〃	代燃車名目　一部クロスシート
夕張鉄道	キハ201, 202	1952.4.23	140 (64)	26.5	D1·2·3:1D1:3·2:1D/C4	DMH17	20,120×2,725×3,690	2,000/13,500	のち中央扉埋　オール転換クロスに
日本車輛製造株式会社 (本店)									
井笠鉄道	ホジ1, 2	1955.10.15	70 (38)	12.3	1D7DE ED7D1/C2	DS22	11,700×2,120×3,143	650+850/1,300/7,675*	全金属車体　*本文参照
〃	ホジ101, 102		60 (28)	〃	1D6DE ED6D1/C2	DS40	〃	〃	全金属車体
遠州鉄道	キハ1804	1956.8.24	60 (28)	11.8	1D6DE ED6D1/C2	〃	10,616×2,120×3,130	1,370/6,930	チェーン2軸連動 →花巻電鉄キハ801

鉄道名	記号番号	設計認可	定員(内乗客) 人	自重	窓配列	機関	最大寸法	ホイルベース	記事
日本車輌製造株式会社（東京支店）									
小名浜臨港鉄道	キハ103		124 (56)	20	1D16D1/C4	DMF13	16,590×2,708×3,685		名目キサハ40050更新 (1953ー7)
常総筑波鉄道	キハ41021	1952.10.17	110 (52)	〃		DA54	16,590×2,708×3,650	750+1,150/1,500/ 10,500	名目キハ40320改造 (台車使用)
〃	キハ42002	1955.3.4	130 (60)	28.5	1D6D6D1/C2	DMH17	19,630×2,725×3,686	2,000/13,500	→片運化キハ704 のち中央扉両開に
富士重工業株式会社									
羽幌炭礦鉄道	キハ11	1959.3.25	60 (28)	9.75	5D4 4D5/S1	DS22	10,296×2,600×3,115	4,500	全金属車体
井笠鉄道	ホジ3	1955.10.15	70 (38)	12.3	1D7DE ED7D1/C2	〃	11,700×2,120×3,143	650+850/1,300/ 7,675	全金属車体 →下津井電鉄
南部縦貫鉄道	キハ101, 102	1962.10.3	60 (27)	9.5	D8D/S1	DS90	10,296×2,600×3,165	5,100	全金属車体
輸送機工業株式会社									
加越能鉄道	キハ15001	1953.10.15	130 (52)	28.8	E2D6D2E/C3	DMH17	18,324×2,744×3,767	2,100/12,180	台車FS13
若松車輌株式会社									
日本鉱業	ケコキハ512	1951.8.2	60 (30)	12.0	1D6D1/C2	DA45N*	10,344×2,091×3,092	1,300/6,400	設計書はDA43N
静岡鉄道大手／袋井工場									
静岡鉄道	キハD14	1959.3.25	60 (34)	11.0	1D7D1/S2	DA110	11,500×2,130×3,170	750+900/1,300/6,200	
〃	キハD16	1960.11.14	〃		1D7DE ED7D1/S2	〃	11,500×2,130×3,155	750+950/1,400/6,200	
〃	キハD17, 18	1961.7.13	〃			DA120	11,700×2,130×3,155	〃	
他車種等からの改造車輌									
豊羽鉱山	不　明	1953.2.9	25 (20)	9.5	7d	N-80	8,166×2,250*×3,270	3,900	木製単端式後部オープンデッキ *本文参照 種車定山渓ロ11→フハ3385
常総筑波鉄道	キハ40084, 40085	1953.8.4	100 (44)	22.0	1D4·1·4DE 1D4·1·4D1/C3	DA54	15,500×2,780×3,880	1,4425/1,430*/10,660	ホハフ201, 202 台車ブリル27GE-1→国鉄 南武鉄道クハ213, 214 *本文参照
〃	キハ40086	1953.12.25	〃		2D4·1·4D1E E1D4·1·4D2/C3	〃	15,850×2,700×3,805	2,150/10,000	ホハフ551
小湊鉄道	キハ6100, 6101	1956.4.5	120 (48)	25	1D1·3:1D1·3-1D1/C2	DMH17B	17,630×2,736×3,741	2,184*/11,270	→キハ6100, 6101→国鉄クハ6100, 6101 *本文参照
西大寺鉄道	キハ8	1951.6.11	20 (12)	5	S2/1D4/F3荷	TX40	5,185×2,130×3,196	2,000	単端式 →キハ100を2分割
〃	キハ10	〃	〃	〃	4D1 △C2/E3D1/F3荷	〃	*	〃	単端式 *設計書, 組立図, 竣功図での キハ8, 10は同一 (本文参照)
山鹿温泉鉄道	キハ101	1955.3.23	47 (18)	7.61	4D1 △C2/1D4/C2	GMC270	7,620×2,400×2,800	4,170	ボンネット単端式→大阪市バス 米軍GMCトラック
〃	キハ102	1955.9.2	52 (21)	6.5	7D C3/3D4/C2	〃	7,420×2,410×2,830	4,530	キャブオーバー単端式→大阪市バス

空白欄は不明　D：客扉　E：乗務員扉　C：曲面カーブ　S：同鉄流型　F：同フラット　荷：荷物合　代：代燃炉　△：ボンネット　d：オープンデッキ
窓配列の2段書きは上段左サイド、下段台サイドを表す　軸配列は2軸車の場合1Aー2、ボギー車の場合aAー2、但し遠州鉄道のスチーン2軸連動のためaAー2

おわりに

　敗戦後の混乱から世の中が落ち着きを取り戻し、1950年6月25日ぼっ発の朝鮮戦争がきっかけになって、経済・産業も復興から発展に向かった。この時期やっと非電化私鉄にも新顔車輌が現れ、バス・トラックに3〜4年以上遅れた「革命」＝ディーゼル化が一挙に幕開いた。「もはや戦後ではない」との有名な一句を記したのは、経済白書1956年版である。

　日本の内燃動車は先進外国に比し、元来が相当に遅れたスタートであり、敗戦後は戦時中の軍用＝主として旧陸軍の重機用水冷ディーゼル機関が、当面の救いになった。致命的な外貨不足の下、国鉄が戦前設計済のDMH17を完成させたのは、まさしくエポックではあったが、陸上競技トラック長距離に例えれば、諸外国とは既に2周ほども遅れていた。さらに遅れたトルクコンバーターは、実に20年近く前にライセンス取得していた外国製品のほぼ忠実な複製である。

　やはり旧軍用機関で再出発した敗戦後のトラック、バス、一から出直したも同然の乗用車が、互いにしのぎを削り、厳しい排ガス規制など幾多の難関を突破して、何とか世界の水準に追いついた。その反面、排ガス規制の適用すらない我国の鉄道用機関は、極めて閉鎖的で競

争のない世界にほぼ半世紀安住し続け、回復不可能に到るのだが、それは本稿が扱う分野ではない。

　およそ10年の間に生まれた私鉄「戦後派」機械式内燃動車たちは、数では圧倒的で元気な「戦前派」に混じて我国復興・発展の一翼を担ったのだが、その実態は意外に知られていないように思われる。

　公文書や竣功図、許認可、竣功届等の日付は、一般に同好諸氏の記述を拘束・呪縛し続けているが、それのみが真実ではないはずである。少なからぬ車輌が当時の社会情勢等に照らし、その出現時期と設計認可や竣功届日付に、かなりの乖離があるのではないかとある時気付き、何とか実態を把握認識したいものと思い続けてきた。もとより不十分ではあるが、この小冊でその幾分かが明らかにできたのは、ひとえに諸先輩や同好の諸氏、ネコ・パブリッシング社のご尽力のお陰である。

　機械式動車の現役時代を知らない世代も多くなり、現時点残存する機械式車は、国鉄車、最終車である南部縦貫鉄道キハ101、102を含め多くはない。それら車輌の長命を祈り、こんな時期に、こんな車輌が生みだされ、活躍したことを、読者諸兄の記憶にとどめていただければ幸いである。

　末尾ながら、資料・写真のご提供、ご教示を頂いた阿部一紀、今井啓輔、今井　理、小宅幸一、亀井秀夫、澤田節夫、高井薫平、田尻弘行、福川博英、堀田和弘、和久田康雄（50音順）の諸氏に厚くお礼申し上げる。

湯口　徹

井笠鉄道ホジ101。
1964.6.11 鬮場
P：湯口　徹